中國茶 台灣茶

探訪茶的根源，了解各種茶的特色、泡法及茶具使用

有本香 著

蕭照芳・陳惠文・許倩珮 譯

東販出版

「愉悅地沉浸茶香之中，心遊中國與台灣」

「我想喝中國茶，能否給我一些意見？」「我要去台灣旅遊，能否告訴我哪裡可以喝到好喝的茶？」最近很高興聽到一些親朋好友向我詢問這些問題。由此可見，中國茶或台灣茶終於也在日本落地生根了。

我生平頭一次喝的中國茶，是三十幾年前和家人外出，在東京的中華料理店所喝的茉莉香片。其次所接觸到的，則是以罐裝飲料的方式，在日本首次上市的烏龍茶。再來則記得是讀高中的時候，以「有瘦身功效的茶」在班上成為熱門話題的「普洱茶」。儘管各種茶都有著截然不同的香氣和味道，但不知道為什麼，我總感覺，茶葉中蘊藏著一股神祕而且不可思議的「力量」。

相信很多日本人接觸中國茶或台灣茶的經驗，應該也是跟我差不多吧！而且一般人都有一些相當偏頗的觀念，認為「中國茶就等於茉莉香片或烏龍茶」，或是「中國人或台灣人就是因為喝茶所以才不會變胖」等等。長久以來我也同樣有這種誤解。固然茉莉香片或烏龍茶在台灣、中國、東南亞當地是極為普及的茶，但卻跟我們想像中的情況完全不同。並非以往流傳到日本的中國茶或台灣茶是假的，而是在博大精深的中國茶或台灣茶的世界，只有一小部分流傳到日本而已。

直到八〇年代的後半，我才有機會接觸到所謂「真正道地的茶」。那

是我在台灣喝到的，倒在像酒杯的小杯子裡的凍頂烏龍茶；它和我過去喝過的焦黑茶心的烏龍茶完全不同，顏色是高雅的黃色，而且它的香味令人聯想到梔子花的清香。茶葉散發出一股令人難以置信的清香，讓我異常的感動。之後，每當我到中國旅行時，都會四處找尋「烏龍茶」，但卻始終找不到。當時我一直以為台灣茶源自中國，所以在中國應該可以找到同樣的茶，因此在各地鍥而不捨的找尋。如今回想起來，完全是因為自己孤陋寡聞。不過，相對的卻讓我有機會接觸到各種形形色色的茶種，例如彷彿將春草的嫩芽塵封起來的綠茶，或是有甘甜濃醇果香和澀味的烏龍茶，以及添加菊花或桂花的茶葉等等。

首先，我想先跟透過此書而成為「茶葉同好」的諸位讀者說明的是：中國茶或台灣茶的世界的確是博大精深，但也沒有必要把它想成非常艱澀，希望大家能放棄對茶葉固有的成見，最重要的是，先把「知識」擺一邊，以輕鬆的態度沉醉在茶的清香中，找到自己所喜歡的香味或是滋味。只要能從茶的清香中，自然而然地想像中國的歷史畫卷，或是台灣明媚的山水風光，也算是一件很棒的事。

有本　香

目次

前言

序章

第1章　中國茶的享用方式

【茶葉解說】

第2章 台灣茶的享用方式

專欄

第3章 進一步享受中國茶・台灣茶的基礎知識

專欄

茶的廬山真面目

常聽到人家問我：「日本茶和中國茶究竟有什麼不同?」我的回答是：「其實無論是中國茶、日本茶，或是印度的紅茶，都同樣是以茶樹的葉子為原料，依照不同的加工方式，而製成不同的茶。」雖然回答得有些草率，但基本上並沒有錯。

茶樹的學名為「Camellia sinensis」，是屬於山茶科的植物。我以前在台北近郊的茶葉產地—木柵看過茶樹開的花，宛若小小的白色山茶花，原來它們本屬同種，怪不得如此相似。雖然葉子的外觀很像，但裡面所含的成分卻是截然不同的。根據最有力的說法是，茶葉的原產地為中國南部的雲南。不過，另一種說法是，茶樹原本是沿著雲南到福建一帶自然野生的。

Camellia sinensis有兩種系統，分別是中國種（var. sinsensis）和阿薩姆種（var. assamica），原產地分別是中國和印度的阿薩姆。從葉子的大小便可以一眼分辨出兩者的差別：中國種的葉子較小，適合製成綠茶；阿薩姆種的葉子比較大，適合製成紅茶等等的發酵茶。

但除此之外，其他像是麥茶、杜仲茶、藥草茶等等，也同樣稱為「茶」。因為它們都有一個共通點，就是都是「經過熬煮後，有提神醒腦之效的飲料」。當然，無論是中國或台灣，除了茶葉之外，還有許多獨特的茶。

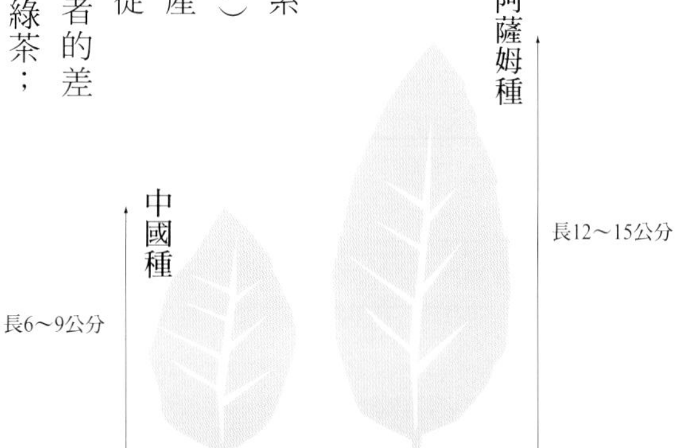

＊雲南大葉種

位於雲南省猛海的南糯山有茶樹的原生林，也有樹齡超過八百年的大樹，由於它的葉子比其他中國種的大，為了區別而被稱為「雲南大葉種」。生長在雲南到阿薩姆一帶山岳地帶的野生熱帶大葉種，最適合製成紅茶。

阿薩姆種
長12～15公分
寬4～5公分

中國種
長6～9公分
寬3～4公分

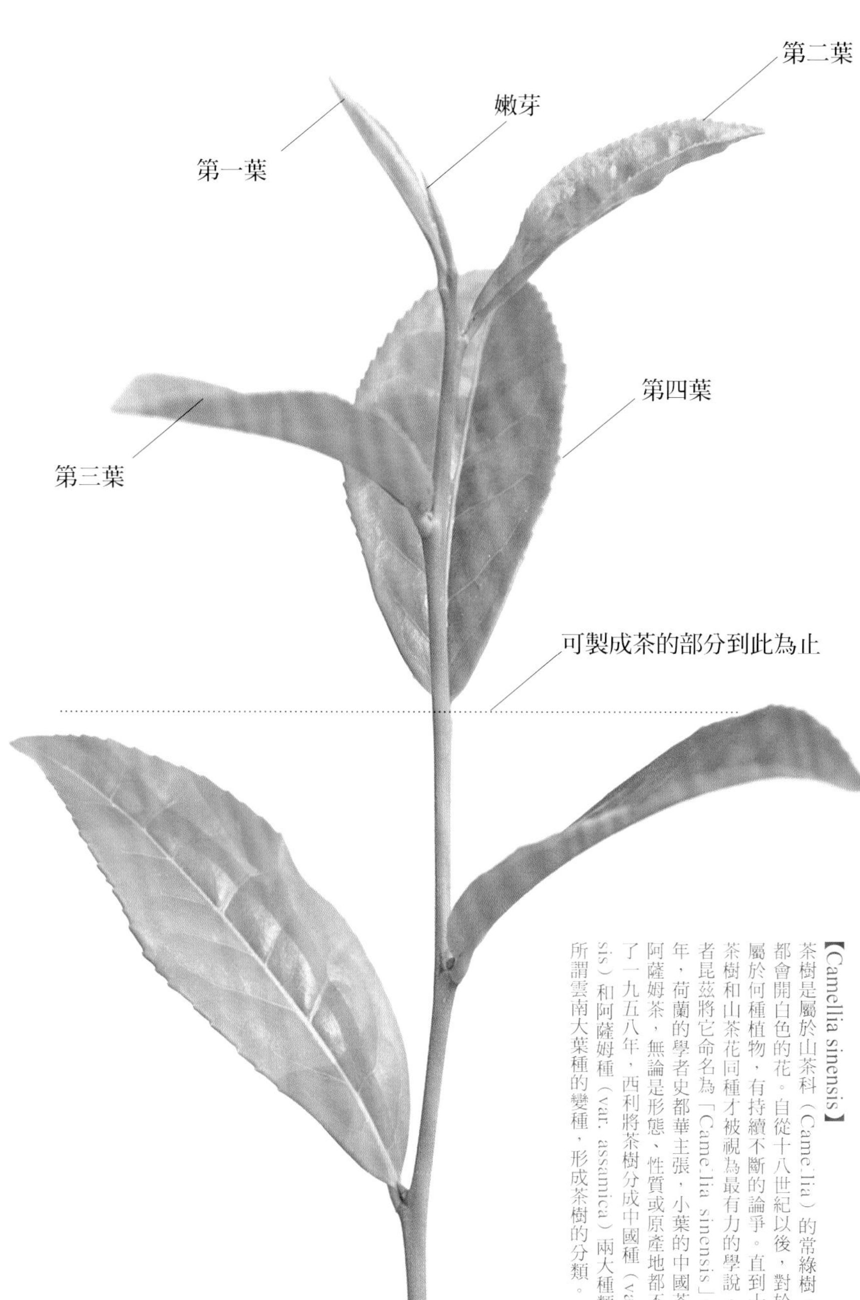

【Camellia sinensis】

茶樹是屬於山茶科（Camellia）的常綠樹，任何一種都會開白色的花。自從十八世紀以後，對於茶樹究竟屬於何種植物，有持續不斷的論爭。直到十九世紀，茶樹和山茶花同種才被視為最有力的學說。德國的學者昆茲將它命名為「Camellia sinensis」。一九一九年，荷蘭的學者史都華主張，小葉的中國茶和大葉的阿薩姆茶，無論是形態、性質或原產地都不同。而到了一九五八年，西利將茶樹分成中國種（var. sinsensis）和阿薩姆種（var. assamica）兩大種類，再加上所謂雲南大葉種的變種，形成茶樹的分類。

全世界「茶」的源流在中國

Korea

韓國●雖然朝鮮半島不是最適合栽種茶樹的土地，但在現今，它的產量、消費量都相當可觀。相傳自古以來，由佛教的僧侶從中國帶回幼苗在寺院栽種，製成綠茶。有果實製成的傳統茶。（請見一一八頁）

Japan

日本●據說茶初次被帶回日本是在佛教傳入的時期。關於生產方面，則是以一一九一年由僧人榮西從中國帶回茶樹種子，而開始栽培的說法最可信。此外，據說四國的碁石茶是以日本野生的茶葉所製成的。

China

中國●據說自古在雲南省到福建省武夷山附近一帶有野生的茶樹，後來才經過栽培。茶樹放置不管的話，可以長到十公尺高。雲南省的老樹便超過十公尺，有雲南大葉種之稱，常用來加工製成紅茶等。

Taiwan

台灣●據說茶樹是在清朝時傳到台灣的。其他也有各種不同的說法，例如：到大陸參加科舉考試的年輕人所帶回來的等等。基本上茶是由對岸的福建傳來的，而在日本的殖民地時代發展製茶業，成為最有力的輸出品，因而獨自走向和大陸截然不同的發展。台灣茶多半是烏龍茶，在超過海拔一千公尺的山區所採摘的茶葉，製成上等的烏龍茶「高山茶」，是聞名世界的高級茶葉。

Java & Malay

爪哇及馬來西亞●由於曾經是荷蘭東印度公司的交易據點，除了有供輸出用的茶之外，茶的流傳主要是從福建移民過來的華僑所帶來的。在爪哇島或馬來半島的高原地帶，有著名的紅茶產地。紅茶可以做成濃醇甘甜的奶茶飲用。（請見一一二頁）

【阿薩姆種的發現】

十九世紀初，英國致力於將中國茶樹的幼苗移植在殖民地印度的山岳地帶，卻一再失敗。直到一八二三年布魯斯兄弟，及一八三一年查爾敦，在阿薩姆發現完全不同於中國的茶樹，於是開啟在印度生產茶葉之路。

【源自中國的茶葉路線】

一般認為茶葉的流傳有四條路線：第一是從中國南部北上到蒙古、西伯利亞。第二條則是沿著長江東進到日本，途中分支出另一條路線經由北京傳入韓國。第三條則是從中國南部到印度、土耳其、中東。第四條則是經由海上傳入歐洲。

Mongolia & Tivet

蒙古及西藏●對蒙古的遊牧民族而言，茶是最重要的維他命補給來源。尤其是做成磚塊狀的「茶磚」，由於運送非常方便，被視為珍貴的寶物。將茶磚以刀子削成小塊，加牛奶煮成奶茶，便是蒙古式的奶茶。西藏式的奶茶則是添加奶油和鹽。

England & Europe

英國及歐洲●根據通俗的說法，綠茶由中國搭船運送到歐洲的過程中變成了紅茶，其實這完全是一種謬誤。英國的茶是由葡萄牙國王的女兒凱薩琳在一六六二年嫁到英國時傳入的。據說由於當地的水質和大陸不同，近似軟水，自古以來便有飲用藥草茶的習慣，因此喝茶的習慣才在英國落地生根。

India

印度●以美味的紅茶產地著稱的大吉領，是一八四一年由中國帶回幼苗而開始種植茶樹。雖然這是配合英國人的需求，但是在此之前，茶便已經被帶回印度，稱為「CHAI」，以奶茶的方式飲用。

West Asia

西亞●經由交易的方式被帶回的中國綠茶或紅茶，有加薄荷或是砂糖飲用的習慣。但是茶葉並非經由絲路所運送的。

據說人類最早開始喝茶是在西元前三千年左右的中國。茶自古用來當成消毒用，且似乎和水果的果皮等等一起熬煮飲用。經過四千五百年以後，直到十七世紀，茶葉才從中國經由爪哇的荷蘭東印度公司首次傳入歐洲。一向以傳統自誇的英國紅茶，它的源頭還是中國。

茶在英國迅速成為生活的必需品。自一七六〇年以後，根據統計，茶葉已經超過英國東印度公司總輸入額的四〇%，茶葉的供給對英國而言，成為非常重要的課題。不久，英國開始向中國輸出鴉片，當作茶葉的抵押品，進而演變成鴉片戰爭。

不只是英國，世界各國，包括日本在內的茶葉，全都是從中國傳入的。

該稱呼茶為「TEA」還是「CHA」？

從語言上也可以發現茶葉是從中國傳入世界各地的線索之一。在全世界的語言中，用來表示茶葉的名詞可分為兩大系統，分別是中國廣東語系的「CHA」，以及福建語系的「TAI」或「TE」。日語的茶顯然是屬於廣東語系，而英文的「TEA」則是福建語系。此種系統和茶葉流傳的路線也有很大的關係。

中國和歐洲之間的海上貿易始於十六世紀，首開先例的是葡萄牙人，以廣東省的澳門和香港作為港口。因此，葡萄牙語稱茶為「CHA」。之後，和亞洲貿易的霸權轉移到荷

蘭人身上，不過荷蘭是以福建省的廈門港為據點。此外，荷蘭的東印度公司在爪哇附近也有設置龐大的據點，對外輸出茶葉等中國產品。面對麻六甲海峽的現在的印尼、馬來西亞一帶，有許多福建省出身的華僑移民，和貿易也有很大的關聯，馬來語的茶也稱為「TEA」。荷蘭的茶是從此地傳入的，因此荷蘭語的茶稱為「THEE」。

至於日本、印度、土耳其等則同屬於「CHA」的系統，據說是由於葡萄牙的公主出嫁，才將中國的茶葉介紹到英國的宮廷。不過，英文的茶卻屬於福建語系；之所以會有這種現象，是因為當初英國是經由荷蘭輸入茶葉。此外，也由於後來十七世紀末，英國開始直接輸入茶葉，是以福建省為據點的影響。

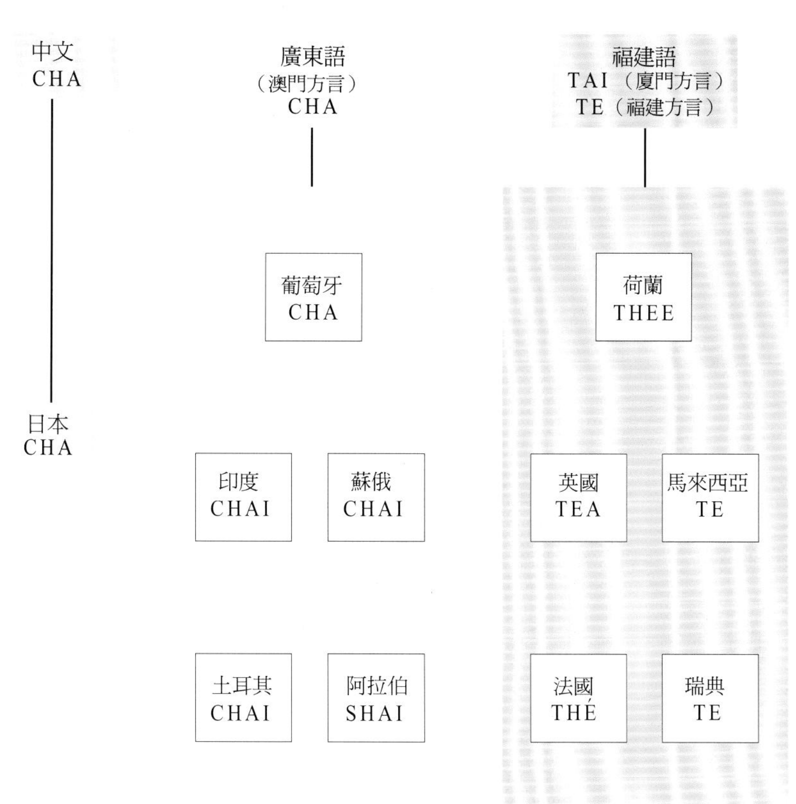

根據茶葉的製法分類

[不發酵茶]

中國綠茶
日本茶

摘採下來的茶葉一旦放置不管的話，茶本身所含的酵素會發生作用，因而產生氧化作用（發酵）。為防止這種現象，必須靠「加熱」的方法。綠茶就是將摘採下來的茶葉迅速加熱，以防止氧化作用，而茶葉中所蘊含的大量兒茶素及綠色葉綠素也得以被保存下來，因此能保有漂亮的綠色。不過，日本茶和中國綠茶加熱的方法完全不同。日本茶大多是用蒸青的方式，至於中國的綠茶則是採用高溫加熱的大鍋炒青的方式。

[發酵茶]

烏龍茶
紅茶

「發酵」一般是指微生物所引起的發酵。至於所謂的發酵茶，則是指茶葉本身所含的酵素，讓它自然產生氧化的茶。將茶葉曝晒在陽光下，再以搖晃等方式促進氧化，以這種方式所製成的烏龍茶或紅茶就是發酵茶。在這個過程中，會產生類似花或水果的香味，及由於兒茶素減少所產生的獨特甘醇。紅茶是完全發酵，烏龍茶則是半發酵。烏龍茶的種類從一五％程度的輕微發酵，到接近紅茶的七〇～八〇％的發酵程度都有。

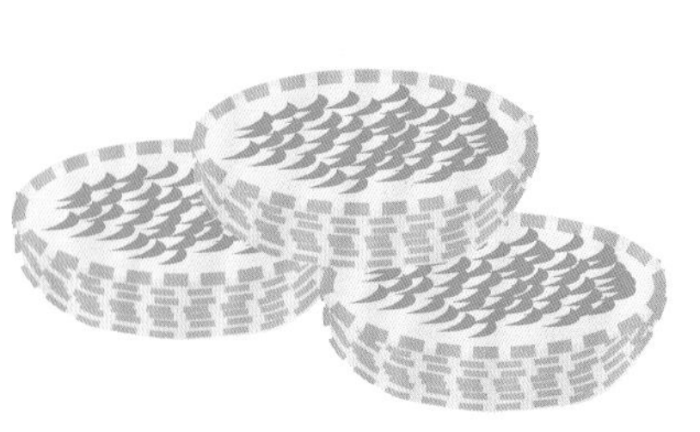

【後發酵茶】

普洱茶
阿波番茶・碁石茶
黃茶
LAPESO-（泰國）

讓加工完成的綠茶等產生微生物發酵作用的茶，稱為「後發酵茶」。其中最著名的是中國雲南省所產的普洱茶。日本自古以來就有的阿波番茶、碁石茶等等，也是屬於這種茶。這種茶的製法是把綠茶（偶爾也會用紅茶）放置在潮溼的場所讓它發酵，因此主要的產地是以中國南部到東南亞一帶為主。製茶方法由居住在廣西僮族自治區，以及從雲南省到泰國山岳地帶的少數民族傳承下來。經過越長時間的發酵，風味越佳，因此據說有數十年之久的「陳年茶」，身價不斐。

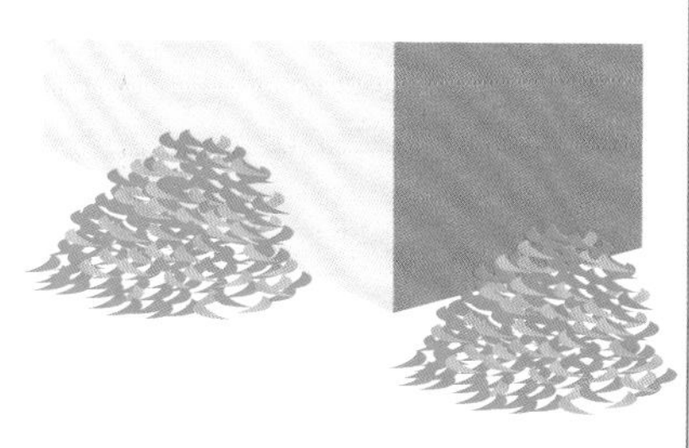

【著香茶】

茉莉香片
荔枝紅茶
龍眼紅茶
伯爵茶

讓紅茶、綠茶、烏龍茶附著花香或是果香風味的茶稱為「著香茶」，感覺很像歐洲的風味茶，但中國是從十七世紀，台灣則是從二十世紀初才開始製作這種茶，其中以茉莉香片最具代表性。最近中國茶蔚為風潮，其中又以荔枝紅茶和有桂花香味的桂花烏龍茶最受女性的青睞。原本增添香味的用意是為了提高低等茶的價值，但如今市面上的著香茶大多是添加人工香料，而非使用真正的花香。

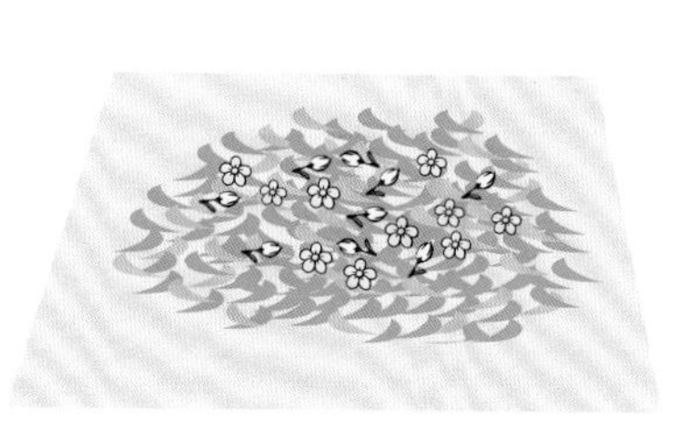

有「茶外茶」之稱的傳統茶

稱為「茶」，卻以其他原料製成的飲料還有麥茶、藥草茶等等。中國自古以來，也有茶葉之外的「茶」，也就是所謂的「茶外茶」。無論是外觀或味道都非常特別，同時還擁有不可思議的功效。在此要向大家介紹三種我所知道最佳的「茶外茶」。

首先是「七葉參茶」。在新加坡一家著名的藥膳餐廳「Imperial Herbal Restaurant」可以買得到。它的外觀跟茶葉很像，事實上卻完全不同。但令人感到不可思議的是，它是在茶園的茶樹附近野生的。以熱水迅速沖泡飲用，有點苦味和類似海藻的香味，據說有預防中暑和抑制血壓的功效。注意沖泡時間不要過長，否則會變得很苦。

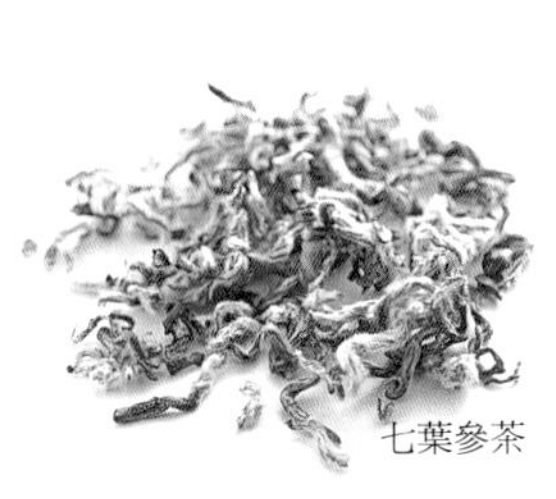

七葉參茶

其次是「苦丁茶」。據說具有提昇肝臟或胰臟的功能，不過味道很苦。有苦菜、墾丁、雲霧茶等不同的名稱，除了繩子狀之外，還有其他各種不同的形狀。

第三種是「雪茶」，是採自喜馬拉雅山山岳地帶的植物。近來在日本橫濱的中華街也很常見。外觀像珊瑚一般，有淡淡的芳香。據說對女性怕冷症非常有效。

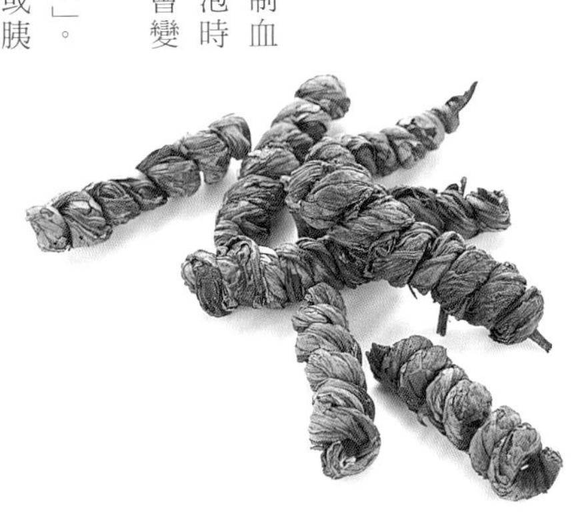

苦丁茶

雪茶

第1章

中國茶的享用方式

中國茶的種類

【色】以茶葉和水色大致可分為六種

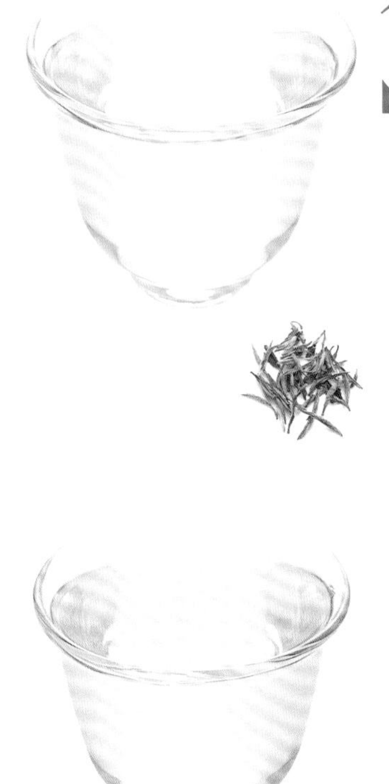

綠茶

[不發酵] 有春草、豆子、栗子的香味

綠茶是以抑制茶葉本身的氧化酵素作用所製成的不發酵茶。由於多半是用鍋炒，因此所沖泡出的茶水色澤為淡黃色。沒有澀味，有類似豆子或是栗子的淡淡香味。

白茶

[輕發酵] 有梅花、淡淡的果香

因為茶葉覆蓋著茸毛，看起來白白的所以稱為白茶。無論是產量或種類都很少，產地幾乎只限於福建省。製法是讓茶葉自然枯萎，讓它輕微的發酵，因此沖泡出的茶色為黃色，而且還帶有甘甜的果香。

青茶

[半發酵] 有花香、果香、蜂蜜、牛奶等甘甜的香味

指的就是烏龍茶。產地為福建省、廣東省、台灣。以促進茶葉本身所擁有的氧化酵素作用所製成的半發酵茶。所謂青茶是將摘下的茶葉曝晒在陽光下，在促進發酵時，葉子會變成青色，而有此稱呼。

紅茶

［完全發酵］有蜂蜜或水果等甘甜的香味

相對於烏龍茶是半發酵的茶，紅茶則是百分之百完全發酵的茶。中國紅茶沒有澀味，主要特徵是有類似蜂蜜般的香味。不過，只有以雲南大葉種所製成的紅茶，感覺稍微有點澀味。

黑茶

［後發酵］有蓮葉、樹木的味道

將剛加工完成的綠茶放置在潮溼的場所，以微生物發酵的方式製成的茶。散發成熟的果香，由於茶液的色澤極濃，因此稱為黑茶。產地為雲南省、廣西僮族自治區。

黃茶

［輕後發酵］有強烈的果香

是極為稀少的茶，產地只限於四川和湖南省的少數地區。製法和綠茶很像，在烘乾茶葉的過程中，將它放置在潮溼處一～三天，讓它產生輕微的微生物發酵作用，因此茶葉的顏色會變黃。

【製法】

氧化和發酵形成不同的香味或味道

綠茶　為了阻止茶葉的氧化作用所做的加熱處理，稱為「殺青」。多半是以鍋炒的方式。從殺青到乾燥的過程完全在鍋中進行的，稱為「炒青綠茶」，以西湖龍井、碧螺春等等為代表。像黃山毛峰以輻射熱能烘乾的方式，則稱為「烘青綠茶」，以陽光晒乾方式的則稱為「晒青綠茶」。

白茶　把茶葉攤在室內讓它自然枯萎，再經過烘乾加工而成。讓它枯萎的過程稱為「萎凋」。其中又以只用嫩芽上面有茸毛的白毫銀針為最高級品。白牡丹則是以稍晚時期所摘下的一心二葉所製成的茶。

青茶　將茶葉放在室外和室內，等它萎凋之後，搖晃茶葉讓它充分接觸空氣促進發酵。這

【綠茶】

殺青
以鍋炒的方式，防止茶葉的氧化酵素作用。
↓
揉捻（成形）
用手將茶葉揉成形狀。
↓
乾燥

【白茶】

室內萎凋
將茶葉攤開在竹篩上讓它陰乾。
↓
乾燥
加熱烘乾

【青茶】

萎凋（日光萎凋／室內萎凋）
↓
搖青
搖晃茶葉，讓它充分接觸空氣，促進發酵。
↓
殺青
↓
揉捻
以搓揉的方式增加茶葉的風味，揉成圓形等。
↓
烘焙（乾燥）

個過程稱為「搖青」。之後，再依照不同的茶葉揉成半球形（揉捻），此種過程可以增加茶葉的風味。

紅茶　製法和青茶一樣，等茶葉萎凋後，用力揉捻促進發酵。有的則是先將茶葉切碎讓它充分接觸空氣。茶葉完全變成紅色的過程稱為「轉紅」。

黑茶　將晒青綠茶放在高溫潮溼的場所，讓它產生微生物發酵作用。雖然原本的綠茶已經自然發酵過了，現在為了加速發酵，於是將茶葉層層疊起，以所謂「渥堆」的過程，讓它進行微生物發酵作用。

黃茶　製法和綠茶很像，趁茶葉還有餘熱時，放置一～三天讓它產生輕微發酵。此種過程稱為「悶黃」。此種悶黃的方法，根據不同的茶葉會有所不同，而且所需的時間也不一樣。

【紅茶】

萎凋
以室內乾燥、晒太陽的方式去除水分。
↓
揉捻／揉切
用力揉、切碎茶葉，破壞組織細胞，讓它充分發酵。
↓
轉紅（發酵）
↓
乾燥

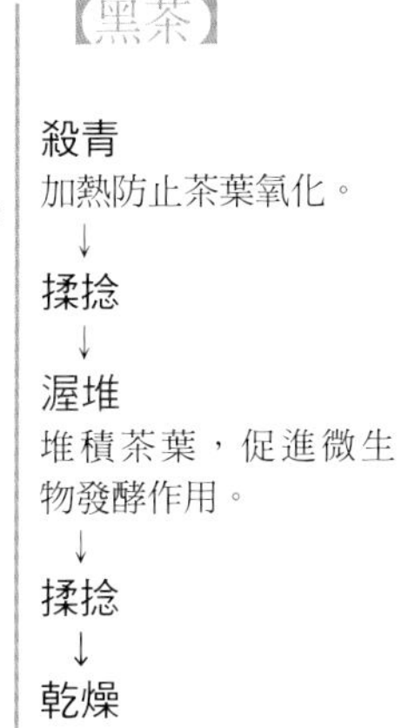

【黑茶】

殺青
加熱防止茶葉氧化。
↓
揉捻
↓
渥堆
堆積茶葉，促進微生物發酵作用。
↓
揉捻
↓
乾燥

【黃茶】

殺青
↓
揉捻
↓
乾燥
（殺青、揉捻、乾燥：過程幾乎和綠茶一樣）
↓
悶黃
趁著茶葉仍有餘熱和水分時，將它塞進盒子，讓它輕微發酵。
↓
乾燥

中國茶的種類

【產地】

茶會隨產地改變而變化

以Camellia sinensis這種植物的葉子為原料所製成的茶，在中國各地產生各種不同的變化。即使是同一品種的茶樹，一旦移植到土壤或氣候不同的地方，也會出現變種的情形。因為氣候和風俗習慣的不同，茶葉的加工方法也會有所改變。

在遼闊的中國大陸，茶葉的主要產地是在黃河以南的地區，從浙江、江蘇省開始，一直到福建、廣東、雲南省等地區。儘管如此，在溫帶地區栽培的茶樹，和在亞熱帶地區栽培的茶樹，兩者之間的品種也有很大的差異（請見第八頁）。例如，把雲南省的茶樹移植到浙江省的話，大部分都會因為酷寒的冬天而枯死。

因此，必須先挑選適合栽種茶樹的土地，再經過改良品種。據說目前中國有超過四百種以上的茶樹品種。即使是在同樣土地上所栽種出同樣品種的葉子，也會因為不同的加工方法，而變成完全不同的茶。因此，就算是茶葉專家也很難光憑茶的外觀或味道，猜出不同的品種。

通常會把適合製作綠茶的茶葉製成綠茶，把適合製作發酵茶的茶葉製成烏龍茶或紅茶。茶葉的加工方法也大大反映出土地的性質。在雲南省或廣西地區等高溫多溼的氣候，所生產的是黑茶之類的茶。至於茉莉花喜歡溫暖的氣候，因此在茉莉花盛開的福建省，便成為茉莉香片的產地。

【採茶】

採茶的時期或方法和茶葉的種類有很大的關係。長江流域在春、秋兩季採收，福建省或廣東省則在每年的春、秋、冬採收三次。只採心芽和嫩葉的稱為「一心一葉」，用來製成高級綠茶。而烏龍茶的摘採則是從一心二葉到四葉。基本上品質較好的中國茶都是以手工摘採的。只要攤開茶渣看看，不會碎裂的就是手工摘採的。

中原地區

山東省、河南省、陝西省、甘肅省、江蘇省北部、安徽省。以茶的栽培地而言，是最北的地區。栽培小葉種，主要加工成綠茶。

江南地區

江蘇省南部、浙江省、江西省、湖北省、湖南省。氣候幾乎與日本的本州相同。栽培小葉種，主要加工成綠茶、紅茶、黃茶。

西部地區

四川省、貴州省。為亞熱帶性氣候，平均氣溫很高，溼度也很高，溫差很大。主要加工成綠茶、黃茶。

華南地區

福建省、廣東省、廣西僮族自治區、雲南省。為亞熱帶性氣候，栽培包括大葉種在內的許多品種。適合加工成青茶、紅茶、黑茶、白茶、花茶。

【成分、味道和香氣】

中國茶重視香氣，味道和香氣是表裡一致的

【黄枝香、杏仁香】
採自廣東省潮州鳳凰山的茶葉所製成的烏龍茶，有鳳凰單欉黄枝香的香味，被比喻成玫瑰香。鳳凰單欉也有一種稱為杏仁香的樹，有杏仁的風味。

【內酯類】
上等的烏龍茶會散發一股花香或果香等香甜味，很難想像是茶葉的香味。散發這種香味的主要化合物是內酯類的成分，不妨把它想成像是茉莉花內酯類、木夫蓼內酯類的作用。

食物味道的基本要素主要有甜味、酸味、鹹味和苦味四種，再加上美味、辣味等等，形成特有的味道。即使是嚐起來很甜的食品，本身也具有鹹味或苦味，才顯得出它的甜味。換句話說，味覺是靠各種味道的平衡才能感覺得出來。因此，味道是由組合的成分所決定的。

茶的味道主要取決於它本身所含的甘甜、澀味、苦味三種味道。通常感覺好喝的茶，基本上都是味道取得一定的平衡，並非哪一種味道特別突出。以澀味相當強的鳳凰單欉烏龍茶而言，正因為它有相映的果香和甘甜味，才讓人感覺好喝。

此外，不同於其他的食品，香味對中國茶的味道影響很大。日本茶比較注重舌頭的感覺是甘醇或澀味，相較之下，中國茶則比較重視香味。話雖如此，但味道和香味是互為一體的。以鐵觀音為例，喝起來不光是舌

【祁門香、蘭花香】

和烏巴（UVA）、大吉嶺並稱為世界三大紅茶之一的祁門紅茶，甘潤、濃郁的香味被稱為祁門香，同時也被喻為蘭花香。鳳凰單欉也有所謂「芝蘭香」（像蘭花的香味）的種類。

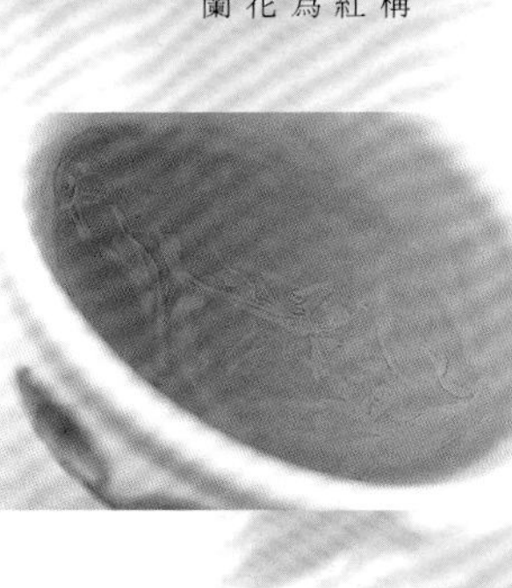

【清香】

有清爽的花香味。原本是象徵台灣高山茶的特色，最近中國的烏龍茶也以稍微發酵、最後加工輕微烘焙而成的清香茶的面貌上市。

【回甘】

喝過茶後留在口腔中的餘甘。好的茶越能持久回甘。

【韻】

主要是用來指烏龍茶的餘味。武夷岩石茶的強勁餘韻稱為「岩韻」，鐵觀音甘甜餘韻的稱為「音韻」。

頭有牛奶般的餘味，甚至連鼻子或口腔也留有同樣的香味。

茶的美味、甘醇，主要來自茶葉中所含的氨基酸類。綠茶約含有二十種氨基酸類中所謂的單寧物質，這也是它喝起來甘醇的原因。

茶之所以會有澀味，主要是因為含有兒茶素（茶單寧）的關係。發酵茶是讓一部分兒茶素轉變成多元酚類而產生風味。

由於茶單寧在日光下會轉成兒茶素，所以在日照過於強烈的地區，茶葉所含的兒茶素過多，用來製成綠茶的話會太澀。而在霧多的地區之所以能生產上等茶，因為霧剛好可以遮蔽日照，茶單寧不會受損，所以不會產生過多的兒茶素。

中國茶對身心有何作用？

據說茶是在西元前三千年被人類發現，相傳神農氏以茶葉作為解毒之用的藥物飲用。

自古以來，中國便把茶當成放鬆身心的藥，和果實等等一起煎煮飲用。此外，在西藏或蒙古等蔬菜不足的地區，茶葉一直是維他命補給的重要來源。在歐洲或東南亞等地區，同樣用茶葉預防因為缺乏維他命C所引起的壞血症。

近年來已經陸陸續續有許多研究結果，證實這些傳統的科學根據。

其中最引人注目的成分就是兒茶素，它不但可以抑制引起細胞老化的活性酵素，對於預防癌症也有極大的功效。此外，它還有減少內臟脂肪的作用。

除了兒茶素之外，烏龍茶中含有多元酚類的功效，茉莉香片具有放鬆的效果，普洱茶可以有效抑制膽固醇等等，這些療效都相當受到矚目。

中國有句古老的諺語：「早晨喝杯茶，可以讓賣藥的餓死。」雖然中國茶並非藥物，不過持續飲用的話，的確對身心有非常良好的功效。

但是對我而言，喝茶除了有這些實際的功效之外，同時也具有「放鬆、休息」的意義。其實只要了解每一種茶都有它獨特的功效，不妨把喝茶當成放鬆身心的小工具。

〈茶所含的維他命〉

■ 維他命A（胡蘿蔔素）

綠茶	2400
紅茶	1050～1350
豬肝	4500
甘藷	700

單位：RE／100g

■ 維他命C

鍋炒綠茶	233
烏龍茶	100～170
毛峰綠茶	150
紅茶	—
檸檬	43

單位：mg／100g

〈茶的主要成分和功效〉

■ 兒茶素類（澀的成分）

① 抗菌、抗流行感冒病毒
② 抑制活性酵素
③ 抑制血糖上升
④ 降低膽固醇
⑤ 抑制血壓升高
⑥ 防止蛀牙、口臭
⑦ 減少體脂肪（尤其是內臟脂肪）

■ 咖啡因

① 提神（消除疲勞、驅除睡意）
② 利尿
③ 強心

■ 維他命C

① 抗氧化
② 預防感冒
③ 美容功效

■ 維他命A（胡蘿蔔素）

① 養顏美容

■ 維他命B群

醣類的代謝等等

■ 維他命E

① 抗氧化
② 抑制老化

■ γ－氨基酸類

① 降血壓
② 安定精神

■ 氟

預防蛀牙

■ 礦物質類（主要是鉀）

抑制血壓上升

■ 單寧（茶的甘醇成分）

① 抗壓
② 降低、穩定血壓

沖泡中國茶的訣竅

茶的種類和水溫、茶具之間的屬性

如何才能泡出好喝的中國茶，訣竅就在於「開水的溫度」。像綠茶、白茶、黃茶等不發酵或是發酵程度較弱的茶，必須以低溫慢慢沖泡，才能釋出它的甘醇味道。相反的，像是烏龍茶、紅茶等等的發酵茶，則必須用高溫的開水沖泡，才能釋出它獨特的香味和味道。

此種差異主要在於每種茶葉所含的成分不同的關係。綠茶、白茶、黃茶的甘醇味道主要是來自氨基酸類，而氨基酸類如果以高溫沖泡的話，味道反而難以顯現出來。相反的，像兒茶素類或咖啡因等會讓茶產生苦味或澀味的成分，無法在冷水中溶解，因此必須要以高溫的開水沖泡才能顯現出它的味道。

像是紅茶或烏龍茶等等，其茶葉中本身所含的兒茶素類，會隨著發酵或烘焙程度的不同而產生氧化，轉變成多元酚類等物質。因此，苦味或澀味減少，而形成澀中帶甘，甚至還有幾分酸味等複雜的味道。所以必須要用高溫的開水，才能讓這些味道釋放出來。

不過，不一定非要使用中國的茶具才能泡出好喝的茶。家中現成的瓷器、玻璃器具、陶製器具等，只要使用得當的話，也一樣能泡出好喝的中國茶。記得，重點就在於要控制好開水的溫度。

100℃

開水（超高溫） 95～100℃
青茶、紅茶、黑茶
宜興茶壺（鍛燒的茶壺）、蓋碗

鍛燒的茶壺

90℃

高溫 90～100℃
部分的青茶、紅茶
瓷器的茶壺、蓋碗

瓷器的茶壺

瓷器的蓋碗

80℃

低溫 70～80℃
綠茶、白茶、黃茶
玻璃器具、瓷器、蓋碗

在鍋炒的風味中感覺春天
微微的甘醇香

lu cha

習慣日本綠茶味道的人，可能會覺得中國綠茶喝起來有點淡而無味。

「這是以前獻給慈禧太后的明前綠茶，也是最近電影明星成龍特別吩咐訂購的茶。」

這是我在一九九〇年到杭州旅行時，喝西湖龍井茶時服務人員為我所做的介紹。黃綠色宛若豆莢般的茶葉，讓人感覺到春草般甘甜的香味。只是幾乎沒有像日本綠茶般濃烈的醇味或澀味，不禁讓人感到有些訝異，懷疑：「這就是綠茶嗎？」；與其說是茶的風味，倒不如說是像豆子或栗子般的香味。

中國每年茶葉的生產量約為六十萬噸，大約是日本的六倍，其中綠茶約占七〇%以上。目前最高等級的西湖龍井，在中國國內的交易價格為每一百公克三千～五千日圓。由於中國一般都市上班族的月薪為二萬～三萬日圓，便不難了解它是多麼高價位的物品。

將茶葉放入大茶碗，注入熱開水，等待約三十秒之後，便可以看見茶葉伸展的姿態，宛如剛摘採的嫩芽一般。從冒出的煙，可以聞到豌豆般的香味。

茶水為淡黃色，帶有淡淡的甜味，完全沒有澀味，和顏色濃綠、澀味很重的日

【玻璃杯】
玻璃杯是最適合用來沖泡綠茶的茶器，因為開水比較容易冷卻。中國餐館大多將茶葉放進玻璃杯中，注入開水提供給客人飲用。

＊明前
國曆的四月五日前後為清明節，是二十四個節氣之一。因為此時充滿了清新暢快的氣息，所以在中國稱為「清明節」。「明前」是在清明節之前所摘採的茶葉，以清新的春茶著稱，價值不斐，一般多用來當作餽贈的禮品。

本綠茶完全不同。不過，此種帶有微微的甜味、散發著高雅的香味，才是鍋炒綠茶的道地風味。

首先，先以三〇〇℃的高溫將茶青炒三分鐘，等揉捻五分鐘之後，再以二五〇℃炒三分鐘，經過揉捻，最後再以二〇〇℃炒三分鐘，再讓它乾燥。不是使用蒸氣，而是靠鍋子的熱度穿透茶葉的內部，讓葉質變軟，增加芳香成分。雖然它所含的維他命C含量略遜於日本綠茶，但是比較不會刺激胃壁，因此也較適合一大清早飲用。

品質良好的中國茶多半是以手工摘採的嫩芽或是嫩葉所製成的茶葉，不過也很容易劣化，一旦接觸到空氣之後，無論是香味或色澤都很容易流失。綠茶最重視新鮮度，因此最好一次少量購買，才能享受它獨特的細緻風味。

【白磁的蓋碗】

我喜歡用瓷器來泡綠茶。望著茶葉伸展、香味四溢，不禁讓人有啜飲著春天氣息的感覺。在溫熱過的碗內放入茶葉，再慢慢注入約八〇℃左右的開水。以龍井茶為例，為了不讓黃綠色的茶葉和清澈的茶水風味受損，最好不要蓋上茶蓋。

【毛尖、毛峰】

宛若茅尖的嫩芽，覆蓋著白毫（白色的茸毛），是多數使用嫩芽製成的綠茶常使用的名稱。「毛峰」也是相同的意思。

龍井茶的今昔

龍井這個名稱的由來，主要是在浙江省杭州市的近郊有一地名為龍井村。明朝時代，有人在名水湧出的龍泓泉旁挖掘井水，結果出現龍形的巨石，該巨石被視為是井水的守護神。由於井水終年不會枯竭，因此當地的村民便稱呼該井水為龍井。而當地所出產的名茶也就稱為「龍井茶」。古代製茶的方式和現在大不相同，從唐、宋時期開始，便稱此地附近的茶為「龍泓茶」，相當受到重視。宋代的詩人蘇東坡稱此茶為「白雲茶」而流傳至今。

如今龍井茶的產地大多分布在杭州近郊一帶，同時冠上著名的風景名勝地西湖的名稱，總稱為西湖龍井（西湖近郊所生產的龍井茶）。

雖然同時使用兩個地名的茶葉名稱並不少見，但現今的「龍井」已經脫離了它的由來，而成為一種茶葉品牌的代表。而龍井茶中的極品，便是從獅子峰的砂質山所採摘的茶葉所製成的獅峰龍井，因深獲清代乾隆皇帝的喜愛，而成為有名的貢茶，據說近年來在中國的交易價格高達一公斤二十萬日圓以上。這種等級的獅峰龍井可說是千載難逢。

除此之外，梅家塢、虎跑、雲栖等產地的龍井，從二十世紀初開始也獲得極高的評價。

雖然龍井茶現今已成為茶葉品牌，但從中國各地到台灣，都有生產道地風味的「龍井茶」。

品嚐比較中國三大綠茶

中國的三大綠茶，分別是龍井、東山碧螺春、黃山毛峰。
先了解這「三大綠茶」的形狀、味道或香味的特徵、製法、
故鄉、歷史等等，再品嚐比較一下箇中滋味。

明前西湖龍井

ming zen xi hu long jing

產地：浙江省杭州市郊外的龍井村

使用白磁或玻璃器具，以80℃的開水泡1～3分鐘，不要蓋蓋子。

上等茶的代名詞。無論是茶葉的形狀、茶水、香味、味道都十分出色，因此有「四絕」之稱。有類似豌豆般的香味，和清爽的甘甜味，是上等的極品。根據史實記載，它深受清代乾隆皇帝的喜愛。使用位於南宋首都、以風景名勝地著稱的杭州西湖附近，所摘採的茶葉而製成。「明前」是指在清明節之前所採收的葉子。以摘採一心一葉的為高級茶。

東山碧螺春

dong shan bi luo chun

產地：江蘇省吳縣附近的東山

使用玻璃的器具，以70～80℃的開水沖泡1～2分鐘。

如風花般輕盈，覆蓋著白毫的茶葉，有微微的花香。淡淡的甘醇味彷彿高級的甘露水一般。產於位於水都蘇州西南三十公里的太湖湖畔的洞庭山。洞庭山有東山和西山，碧螺春是屬於東山產的上等茶。碧螺春這個名稱的由來，是康熙皇帝順道來此，深受茶香的感動而命名的。「螺」是卷貝的意思。

【西湖龍井和名水】

龍井的產地有很多有名的泉水，其中又以位於虎跑龍井產地的虎跑泉最為出名。將水裝滿碗內，鼓起的高度可達數公釐，可見它的表面張力很強。證明了上等茶也要有名水，才能更加顯出它的美味。

黃山雀舌

huang shan que she

產地：安徽省黃山市附近

使用白磁或玻璃器具，以80℃的開水泡2～3分鐘。

在黃山毛峰中，以摘採一心一葉的初展芽所製成，是最高等級的茶葉。通常黃山毛峰是從清明節過後到穀雨（四月二十日左右）時期所採摘的一心一葉到三葉的芽葉，其中以一心一葉的嫩芽等級最高。以「雀舌」代表葉子形狀的名稱，讓人感覺既巧妙又優美。香味比黃山毛峰更淡，味道像嫩芽般清爽，回甘持久是其特徵。

黃山毛峰

huang shan mao feng

產地：安徽省黃山市附近

使用白磁或玻璃器具，以80℃的開水泡2分鐘。

有「天下美景集於黃山」之稱的黃山，有奇岩的山峰和濃霧繚繞，是一處宛若仙境般的風景名勝。黃山毛峰是位於此地海拔一千兩百公尺的半山寺附近所製成的茶葉。以所謂烘青綠茶的製法，將茶葉放在鍋中炒過，揉捻成形之後，再以輻射熱將它烤乾。加工完成的茶葉帶有微微的燻香味。茶水呈金黃色，茶葉的形狀很美，宛若一把細小的刀，在國際上的評價也很高。

歷史悠久、有多采傳說的綠茶

有些是根源可以上溯到兩千年前的上等茶，
有些是在國際舞台得到輝煌評價的上等茶。
在綠茶中，有許多傳說色彩豐富的上等名茶。

六安瓜片

liu an gua pian

產地：安徽省六安縣附近

使用白磁或玻璃器具，以80～90℃的開水泡1～3分鐘。

六安在明代已經是著名的茶葉產地。雖然現在的茶葉製作是始於清代，不過仍然繼承了深受明代宮廷喜愛的「六安茶」的製法。所謂瓜片是指在穀雨後所摘採的茶葉。在穀雨前所摘採的稱為提片，梅雨時期所摘採的稱為梅片。茶葉呈鮮綠色，茶水為金黃色，味道由強烈的苦味轉為甘醇味，給人非常現代的感覺。

信陽毛尖

xin yang mao jian

產地：河南省信陽市附近

使用白磁或玻璃器具，以80℃的開水泡2～3分鐘。

位於黃河流域中游的信陽，是漢民族文化的發祥地、中原的繁榮都市。在它郊外的五雲山周邊，相傳從漢代便已開始製茶，而現在的信陽毛尖的製法，則是在清代確立下來的。據說它除了擁有龍井茶的香味和碧螺春的甘醇之外，同時也參考了「六安茶」的製法。甘醇持久是它的特徵。此茶曾榮獲一九一五年巴拿馬世界博覽會的金牌獎。

＊河南省信陽市

位於黃河流域中游的都市，在同一省內還有洛陽、開封等古都。信陽毛尖自古就被運送到都市。這張照片是我在一九九二年五月到河南省旅遊時，在自由市場一家茶莊所拍攝的女店員。

＊六安茶

在明末的宮廷小說《金瓶梅》一書中也有提到：「對方一端出六安茶，便讓主角感到大喜」的情節。此外，還有所謂的頂蓋六安，就是將六安綠茶塞進竹籠讓它後發酵的黑茶。

徑山茶

jing shan cha

產地：浙江省餘杭市附近

使用白磁或玻璃器具，以80～90℃的開水泡1～3分鐘。（烘焙較強的會有澀味）

平安朝末期，二度到位於杭州市附近的餘杭市山岳地帶徑山留學的日本僧人榮西，帶回茶葉的種子在各地種植。據說榮西為鎌倉幕府的要人說禪，同時也把茶葉推薦給將軍。此外，他還獻上自己的著作《喫茶養生記》──一本關於茶葉功效的書，為日後武士喜愛茶水立下了根基。源自日本茶的徑山茶曾經沒落一時，現在的徑山茶是在一九七〇年代以後又再度興起的產品。甘醇和澀味恰到好處，喝起來有綠茶特有的美味。

太平猴魁

tai ping hou kui

產地：安徽省黃山市附近

使用白磁的茶壺或蓋碗，以80～90℃的開水泡1～2分鐘。

此名稱的由來有兩種說法。一說相傳是由位於太平湖畔猴坑的茶農王魁成所製成。另一種說法則是太平產量最高（魁首）的茶葉。從二十世紀初起，在全世界獲得極高的評價，和味道清淡的嫩芽綠茶完全不同。以從穀雨到立夏之間所摘採的一心二葉的「柿大葉種」的葉子製成，喝起來有熟葉的甘醇味道。帶有花香是綠茶中極為珍貴的特徵。

只摘採嫩芽所製成的纖細綠茶

宛若頂級甘露水般的嫩芽綠茶，可說是中國茶美味的真髓。
不妨屏氣凝神，體驗茶葉細緻的風姿、香氣和滋味。

峨嵋竹葉青

e mei zhu ye qing

產地：四川省峨嵋附近

使用玻璃的器具或白磁，以70～80℃的開水沖泡3分鐘以上。

位於四川省中南部的峨嵋山，是擁有三座山峰險峻的聖地。在後漢時代所創建的佛教寺院，擁有高七十一公尺、堪稱世界第一的大佛，以及超過一百間以上的寺院，是中國的三大靈山之一。在最高峰超過三千公尺以上的山地平原，海拔約一千公尺的地點所製成的綠茶，名如其實，形狀類似嫩竹，為炒青綠茶。摘採後讓它稍微萎凋，因此在清爽的味道中帶有微微的甘甜香味。

無錫毫茶

wu xi hao cha

產地：河南省無錫市附近

使用玻璃的器具或白磁，以70～80℃的開水沖泡3分鐘以上。

上面覆蓋著白毫（PEKOE）縮芽，很漂亮的茶葉。在一九〇〇年代，無錫市茶葉品種研究所配合當地的土壤、氣候，把經過改良的「大毫茶」品種的葉子，在清明節前後精心摘採一心一葉製成。味道淡雅甘醇，算是中國綠茶當中風味最細緻的茶。沖泡此種茶葉時必須花時間慢慢浸泡，才能釋放出它的甘醇味，無損茶葉本身的獨特風味。

開化龍頂

kai hua lung ding

產地：浙江省開化縣

使用玻璃的器具或白磁，以70～80℃的開水沖泡3分鐘以上。

據說是在十七世紀初曾經上貢給宮廷的上等茶。一度式微，直到一九八〇年左右又再度興起。此茶的名稱，是來自傳說中噴出的水化成龍形的龍頂潭。從清明到穀雨之間，摘採福鼎大白種等品種的一心一葉而製成。帶有濃厚的甘醇，是回味無窮的綠茶。在許多的品茗會受到矚目，獲得極高的評價。也有人將這種茶葉的樣子比喻成羽毛或花瓣。

雪水雲綠

xue shui yun lu

產地：浙江省桐廬縣

使用玻璃的器具或白磁，以70～80℃的開水沖泡3分鐘以上。

桐廬縣附近自古以來就是產茶的地方。「雪水雲綠」這個名稱的由來，是以高級綠茶產地著稱的雪水嶺。這種茶的製法是在一九八七年左右確立的。由於這種茶有一定的品質，加上價格適中，因此深受茶藝館的喜愛。高級品是一斤（中國是五百公克）使用四萬個以上嫩芽的炒青綠茶，擁有濃郁的風味。據說是足以媲美龍井的綠茶。

＊PEKOE

指的是新生的嫩芽白毫（白色的茸毛）的意思。由於白毫的中文發音的關係，轉成英文的pekoe（新芽）。「orange pekoe」也是表示新芽的意思。

＊炒青綠茶

從殺青到加工完成的過程完全在鍋中進行的綠茶，稱為「炒青綠茶」，龍井是其中的代表。除此之外，還有烘青綠茶、晒青綠茶。黃山毛峰為烘青綠茶。

在綠茶所衍生出的「工藝茶」中嬉戲

在玻璃器具中讓茶像花朵般盛開，也只有中國人才想得出來。
深獲女性顧客青睞的工藝茶，大多是以綠茶製成的。
這種茶在宴會等場合中大放異彩。

女兒環
nu er huan

產地：福建省、浙江省
使用玻璃器具，以80～90℃的開水沖泡2分鐘。

錦上添花
jin shang tian hua

產地：安徽省滃縣
使用玻璃器具，以80～90℃的開水沖泡3分鐘。

這種茶是近年來工藝茶中最受歡迎的。創始者和綠牡丹一樣，都是黃山的茶師。只要從中央的部分注入熱開水，便會連續開出三朵菊花。由於黃山小菊是用繩子串聯起來的，所以最好使用深一點的玻璃杯沖泡，看起來才會比較漂亮。淡淡的綠茶風味，加上菊花的香味，完全沒有澀味。由於價格適中，很適合用來送禮。

將茶葉揉成直徑五公釐左右的小環形，完全是手工作業。外觀非常小巧可愛。開始製成工藝茶是八〇年代在安徽省，現在福建省也有製作茶的加工品，生產各種工藝茶。除了可用來飲用之外，還可以放在浴室當作裝飾，同時具有除臭的功效。

綠牡丹茶

lu mu dan cha

產地：安徽省滄縣、黃山市

使用玻璃器具，以80～90℃的開水沖泡3分鐘。

是工藝茶中最受歡迎的茶。原本是在一九八〇年代後半，由黃山的茶師所想出來的，後來成為工藝茶的始祖。最近在黃山周邊各地都有製作，做法是用繩子將綠茶的茶葉綁成類似花的形狀；是以外觀取勝的茶。非常適合用於宴會中給客人一個驚喜。最近有多種不同的風貌，像是味道很淡或焙火較強的茶葉等等。

海貝吐珠

hai bei tu zhu

產地：福建省

使用玻璃器具，以80～90℃的開水沖泡2分鐘。

一注入熱開水，合起來的貝殼便會打開，菊花綻放，接著還有更小朵的菊花連續盛開。由於大小朵的菊花沒有特別強烈的香味或是味道，所以最近也有以附著茉莉或玫瑰、蘭花香味的茶上市。據說菊花有放鬆的功效，和花茶一樣深受女性的喜愛。近年來無論是在日本或中國國內，中國茶逐漸風行，福建省在製作工藝茶方面特別用心，種類也逐漸增加。

享受自然所醞釀出的淡淡茶香

bai cha

「就這樣靜待五分鐘後再喝。」

我第一次在香港的茶莊喝白毫銀針時，對方這樣告訴我。記得當時我還擔心茶葉悶的時間過久，味道會不會變苦呢？五分鐘後，掀開茶蓋，只見像劍一般的嫩芽浮在水面上，完全感覺不到苦味，味道可說是十分的「清淡」。白毫銀針是只採用上面覆蓋一層白色茸毛的嫩芽所製成的高級茶。據說這是北宋皇帝徽宗所特別愛好的茶。

目前包括白毫銀針在內，總稱為白茶的茶一共有三種。產地只限於福建地區，所以產量不多。做法都是將摘下的茶葉陰乾，不經過鍋炒或揉捻的過程，讓它自然萎凋後，再以四〇℃左右的低溫讓它乾燥。這三種茶雖然都具有甘甜的香味和乾草般的味道等共同點，不過，價格上的差異卻非常大。

在溫暖的福建省所生產的，是在明前摘採，有許多白色茸毛的白毫銀針。在稍晚時期摘採，以一心二葉所製成的則是「白牡丹」。「壽眉」是混合更大的葉子所製成的。但不見得價格越貴的味道越好；白牡丹或壽眉帶有梅花般淡淡的香味，也是很容易入口的茶。

【白茶的白】

白牡丹是使用政和大白種等較大葉子的茶葉品種所製成的茶。經慢慢沖泡後，茶水會呈現很深的黃色。所謂白茶的白，並非指茶水的顏色，而是自然萎凋的茶葉顏色看起來白白的緣故。

＊宋徽宗趙佶→請見四五頁

【香港的白茶】

香港人常喝白茶，因為據說白茶具有散熱的功效。在天氣悶熱的香港最適合喝這種茶。

行家偏好的清淡高雅的白茶

自宋代開始即為皇帝所好的白茶，如今則為香港或海外華僑喜愛。
清淡高雅的味道，是行家特別偏愛的茶。

白毫銀針

bai hao yin zhen

產地：福建省福鼎市、政和縣

使用玻璃杯或瓷製的蓋碗，以70～80℃左右的熱開水沖泡5分鐘，並蓋上蓋子。

是白茶中最高級的茶。也稱為銀針白毫，或是只稱為銀針。由於只使用嫩芽製成，所以無論是味道和香味都很清爽，據說是行家特別偏好的茶。其中的理由之一，在於它曾在宋徽宗所寫的《大觀茶論》一書中出現。由此可見，白茶已具有千年左右的歷史。不過，當時的茶和現今茶的形狀等，仍然有所不同。這種茶近年來在日本也相當有名氣，在專門店可以買到，二十五公克約一千五百日圓。

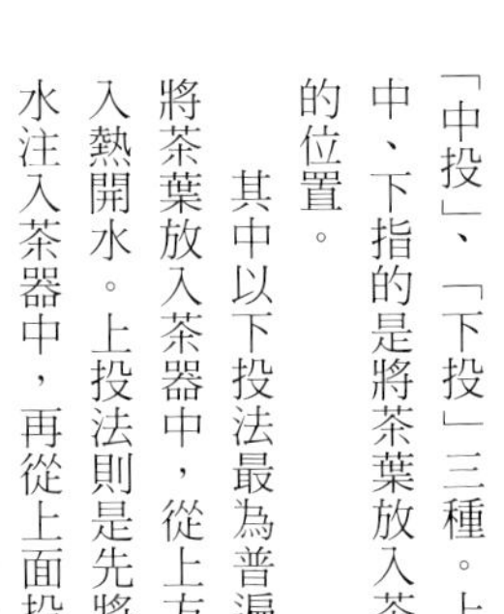

泡茶的方式有「上投」、「中投」、「下投」三種。上、中、下指的是將茶葉放入茶器的位置。

其中以下投法最為普遍。將茶葉放入茶器中，從上方注入熱開水。上投法則是先將開水注入茶器中，再從上面投入茶葉的方法。喝白毫銀針時，最好使用玻璃器具，以中投法的方式沖泡，可以體驗泡茶的樂趣：先將熱開水注入茶具約三分之一滿，再投入茶葉，讓它稍微浸泡一下，之後再注入剩下的開水。蓋上茶蓋，等五分鐘左右，便可以看到長長的芽上下分立在玻璃杯中的樣子，非常有趣。

＊徽宗趙佶

（一〇八二～一一三五年）

是北宋最後一位皇帝，也是中國王朝最有名的藝術家，以文人皇帝著稱，尤其擅長書畫。故宮博物院有許多他的作品，以及經過他指導的作品。關於茶方面，著有《大觀茶論》一書。

壽眉

shou mei

產地：福建省各地

使用瓷器，以90℃的開水沖泡2～3分鐘。要是芽較多的話，就稍微泡久一點。

是白茶當中價格最適中的茶。在新加坡或舊金山的中國城等地超市，賣得相當便宜，兩百公克包裝的茶只要幾百日圓。種類很多，從混合很多心芽的到只有葉子的都有。有白茶特有的清爽甘甜香味，但有的會有澀味，適合在吃飯的時候喝。要是茶葉中沒有混入很多芽的話，以高溫的開水稍微泡一下就行了。

白牡丹

bai mu dan

產地：以政和縣為中心的福建省各地

使用玻璃杯或瓷製的蓋碗，以80℃左右的熱開水沖泡3～5分鐘。

在香港的茶莊很常見，品質上等的稱為「白牡丹王」。茶水很像發酵茶，顏色是帶橘色的黃色，相當濃。這種茶是從二十世紀初開始製作的，以政和大白種為主，混合水仙種的茶葉為普及品。上等的白牡丹茶，有梅花般的香味和清爽的甘甜，是適合初次飲茶者的白茶。夏天時，可以泡濃一點，然後冰涼飲用，也很好喝。

以蓋碗沖泡中國茶的方法

「華泰茶莊」林聖泰先生指導的

*華泰茶莊

有澀谷和芝大門兩家分店。是茶葉專門店，對今日中國茶蔚為風潮扮演著引領者的角色。本店在台灣有一百五十年以上的歷史，為茶葉的大盤商。身為日本店經理的林聖泰先生是這家老店的第五代，他同時也在NHK的節目中擔任講師，主持各種中國茶的講座。

到中國各地的茶葉產地旅行，常會遇到有人要請我喝他最引以為傲的茶。這時候最輕巧的泡茶工具就非蓋碗莫屬了。一旦體驗過這種美味之後，不禁令人懷疑：「泡烏龍茶一定要用宜興的茶壺嗎？」其實，要泡一壺好茶的祕訣在於茶葉和開水溫度的屬性是否契合。據專家說，蓋碗是相當便利的茶具，因為它可以隨意控制開水的溫度。蓋上溫過的碗蓋，讓茶葉悶一下可以保持高溫，以熱開水一邊淋在瓷器的表面，一邊注入，再打開碗蓋，便可以低溫的方式讓茶葉的味道慢慢釋出。

在日本，也有能使用蓋碗迅速沖泡好茶的專家，就是中國茶專門店華泰茶莊的主人—林聖泰先生。

林先生泡茶的手法敏捷俐落、自然流暢，讓人感覺茶「氣」的美味盡在其中。使用蓋碗的訣竅在於：「選擇適合自己手的大小的蓋碗，才能泡出好喝的茶」。最好是單手可以自由操控的大小和重量，而碗蓋的弧度越大，越容易保存香味。

①注入熱開水溫熱蓋碗，然後倒掉開水，放入適量的茶葉。讓底部形成一座小山的程度。若茶葉的體積比較大的話就放多一點。以畫圓的方式注入熱開水。如果是發酵茶的話，開水煮沸了之後直接沖泡。如果是綠茶等必須以低溫沖泡的茶，就先將開水倒入茶海等它稍微冷卻之後，再從碗的周圍以滑過的方式注入。

②一邊撥開表面上的泡沫，一邊蓋上碗蓋，讓它浸泡一定的時間。以低溫慢慢浸泡的茶，則不必蓋上碗蓋。

③挪開碗蓋，以食指扣住；注意不要讓它滑落。然後將茶倒入茶海中，再分倒入各個小杯中。

④可以聞聞碗蓋上的茶香。

帶有花果的香氣如花綻放的烏龍茶世界

青茶

qing cha

青茶指的就是烏龍茶。從製法上的分類是屬於半發酵的茶。所謂的半發酵是讓茶葉接觸空氣，等氧化進行到一半時，再讓它停止氧化的意思。因此發酵的過程是將茶葉放在日光下曝晒、翻動，這時綠色的葉子會轉變成青色，所以稱為青茶。

烏龍茶的主要特徵，在於發酵所產生的華麗香味和複雜的味道。這是由於茶葉中所含的兒茶素等成分，因為發酵作用而轉變成其他物質的緣故。因此，和只用心芽和嫩葉的綠茶完全不同，甚至連含有豐富兒茶素類的葉子或茶莖，都可以一起製成茶葉。

飲用前

茶渣

【一心四葉】

烏龍茶濃郁香味的祕密，首先在於採茶。從一心二葉到四葉，不光只採嫩芽，甚至連含有大量茶單寧的葉子或莖也一併摘採，讓它發酵再揉捻，使它產生華麗的香味和複雜的味道。被揉成半球形的茶葉，一遇到熱開水便會舒展開來，釋放出香氣和味道。茶渣就如上圖所示，會展開變大。

在日本，烏龍茶就等於是中國茶的代名詞。但是在中國，直到最近，烏龍茶只限於在產地的福建省或廣東省，才是一般人常喝的茶。

至於在北京或上海則還是以綠茶比較受歡迎，甚至還有不少市民沒聽過烏龍茶。不過，或許是由於福建省或廣東省所出身的華僑出外工作的緣故，使得烏龍茶在海外遠近馳名，比在國內還出名。

從茶的歷史來看，烏龍茶也的確是屬於比較新的茶。始於明代末期，直到距今約兩百年前的清代，烏龍茶的製法才得以確立。甚至連有夢幻烏龍茶之稱的岩茶的故鄉—武夷山，自古以來也是以專門製作綠茶為主。

雖然烏龍茶的歷史並不悠久，但是近年來卻成為一股世界的潮流。無論是知名度或是價格，都有逐漸上揚的趨勢。相信今後還會有更多更新的香味品種和製法，繼續被開發出來。

青茶

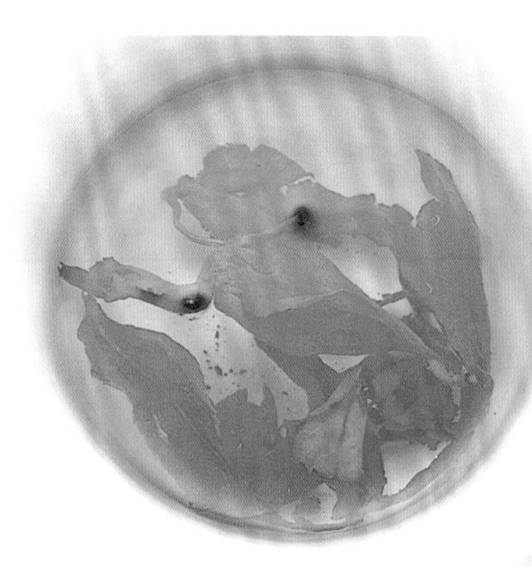

【三紅七綠】

經過數泡之後，可以看到展開的烏龍茶茶渣，以葉子周圍為中心變紅的部分，以及殘留有綠色的部分。這就是清代所確立的烏龍茶的製法，稱為「三紅七綠」，表示葉子有三成發酵轉變成紅色狀態的意思。雖然烏龍茶被稱為半發酵茶，不過發酵的程度因茶而異，一般在三〇～四〇%左右。最近受到台灣茶的影響，發酵程度較淺、焙火較輕的茶葉有逐漸增加的趨勢。

分辨烏龍茶品質的方法

失水過多、焙火過強
外表呈現焦狀的茶葉，不是在萎凋的階段失水過多，就是在殺青或焙火的階段烤焦，因此會有雜味。

大多數的書都提到，購買優質茶葉的首要訣竅，就是觀察茶葉的品質是否均一。到底怎樣才算「品質均一」呢？請參考這裡列舉的照片和說明。此外，任何一種茶葉多少都會混入一點這樣的茶葉，只要在沖泡時剔除掉，便可以讓茶喝起來更美味。

水分沒有完全消失
在萎凋的過程，水分消失的程度比其他的茶葉差，因此還保留小小圓圓的淡綠色。這種茶葉的香味和味道都很淡。

◎同樣是鐵觀音……

最近的中國茶不能光憑品牌名稱來認定它就是什麼茶。以烏龍茶的代表安溪鐵觀音為例，典型的製法是發酵度四〇％、焙火稍微重一點。但最近卻有新型的鐵觀音上市，焙火較輕、帶有獨特的甘甜風味。左邊的照片為傳統的鐵觀音，右邊的則是新推出的鐵觀音。不妨先試喝過之後，再挑選自己喜歡的種類。

探訪夢幻烏龍茶──岩茶的故鄉武夷山之旅

採自生長在福建省北部岩山的茶樹所製成的茶葉，擁有一股令人難以言喻的香味和味道。由於受到國家的嚴格保護以及看管，一般人甚至無法接近茶樹。這是我在十年前聽說的事，直到二〇〇二年的春天，我才有機會到中國，去確定一下這項傳聞的真假。

武夷山是被指定為世界遺產的風景勝地。從宋代開始便有野生的茶樹，只分布在綿延不絕的岩山土層的部分。十七世紀以後，向英國大量輸出的茶葉，也是武夷山所生產的。

在通往岩山途中，從步道上仰望，可以看到懸崖上生長著四株大紅袍的原木，這些原木受到嚴格的看管。除此之外，此地還有可以觀察武夷山的茶葉品種的研究所。武夷市區也有很多茶莊，可供客人品嚐岩茶。

現在從上海有直飛武夷的班機，約需一小時左右。也可以搭船欣賞風景，船上的設備也相當舒適。

岩茶的故鄉武夷山的風景

有青茶最高峰之稱的「四大岩茶」

由武夷山岩石上野生的茶樹所製成的烏龍茶，稱為武夷岩茶。
具有濃郁的香味和甘甜，而有「烏龍茶之王」之稱。
讓我們一起來品味四大岩茶吧！

白雞冠

bai ji guan

產地：福建省武夷山市

使用紫砂茶壺，以熱開水沖泡40秒～1分鐘。

在武夷山稱為白蛇洞口的地方所摘採的品種。茶葉的顏色比其他岩茶還要亮，帶暗紅色，樣子令人聯想到雞冠，而有此名稱。它的特徵是有類似花香的甘甜香味，不像其他的岩茶海草香味比較濃。喝起來的味道有持久的水果甘甜味和酸味。是明代相當有名的茶，古人相信喝這種茶可以治療各種疑難雜症。

大紅袍

da hong pao

產地：福建省武夷山市

使用紫砂茶壺，以熱開水沖泡40秒～1分鐘。

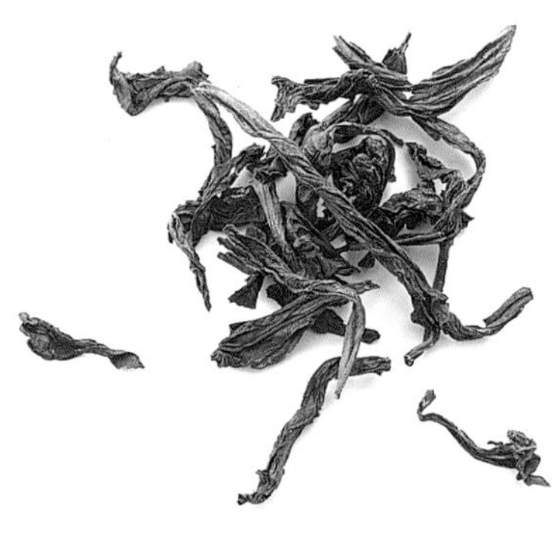

世界最頂級的茶，有夢幻烏龍茶之稱。原木生長在有九龍巢之稱的岩石一角，如今只剩下四棵樹齡超過三百五十年的老樹，受到國家全天候嚴格看管，不許擅自接近或觸摸。從原木所摘採的茶葉，每年只有一～二公斤左右，以數百萬日圓的價錢交易，不在一般市面上流通。我們喝到的大紅袍，是由原木移植的茶樹。儘管如此，味道還是非常芳香甘醇。

鐵羅漢

tie luo han

產地：福建省武夷山市

使用紫砂茶壺，以熱開水沖泡40秒～1分鐘。

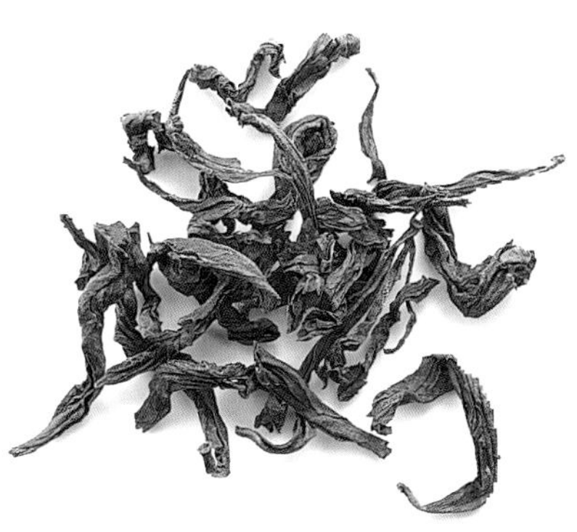

名稱的由來是取其像羅漢般高大、茶葉很大、如鐵一般重和強而有力的意思。五月中旬摘採一心三葉到四葉開面的大片葉，味道比其他岩茶還要強勁濃郁。這種茶葉源自有慧苑之稱的大岩鬼洞，也是武夷岩茶中歷史最悠久的，在朱熹（一一三〇～一二〇〇）的著作中也提到過。

水金龜

shui jin gui

產地：福建省武夷山市

使用紫砂茶壺，以熱開水沖泡40秒～1分鐘。

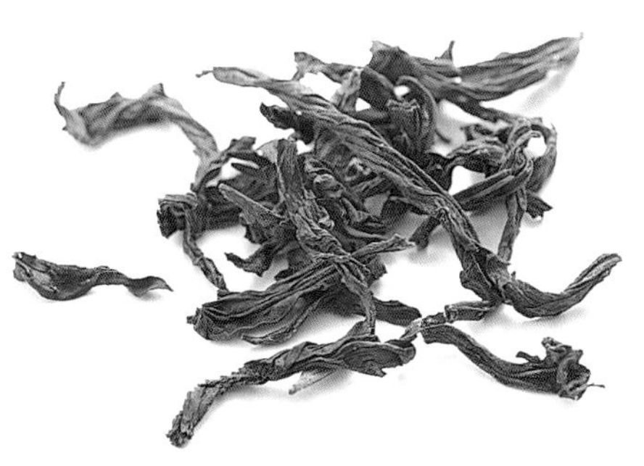

是四大岩茶中入門者最容易接受的茶。它的特徵是帶有花般的香味，以及柔和持久的甘甜味，岩韻也很顯著。據說加工的方法是採用所謂三紅七綠的傳統發酵製法。生長在有牛欄坑之稱的岩石上，是自古以來就非常著名的茶。原木在一九二〇年因為水災被沖走，而引起兩間鄰近的寺院爭奪該茶樹的所有權，因而重新受到矚目。是價格比較適中的岩茶。

花香持久的安溪兩大名茶

福建省的安溪是兩大鐵觀音名茶的故鄉。
品嚐比較一下，在此山村所製成的兩種烏龍茶的香氣和味道。

黃金桂

huang jin gui

產地：福建省安溪縣

使用紫砂茶壺，以熱開水沖泡40秒～1分鐘。

在溫暖的安溪每年可以摘採四～五次的茶葉。其中又以製成黃金桂的「黃棪」品種，可供摘採的次數最多。據說以春茶的味道最好，不過最近秋茶也深受歡迎。比起鐵觀音或其他福建省的烏龍茶，發酵的程度比較淺，有類似桂花的香味和柑橘類水果的風味。由於茶水呈金黃色，而有「黃金烏龍茶」的別稱。

安溪鐵觀音

an xi tie guan yin

產地：福建省安溪縣

使用紫砂茶壺，以熱開水沖泡40秒～1分鐘。

從港口廈門往內陸的山村安溪，從明代以前便開始製茶。由於古代無法製作出品質良好的茶，因此鐵觀音的製法也是學習北邊武夷山的烏龍茶製法而來的。此名稱的由來，據說是在清代乾隆年間，有茶農把在山上發現的茶樹種植在觀音像附近。也有人說是因為茶葉像鐵一樣重，而且帶有難以言喻的風味而來的。有牛奶花香的回甘味道是它的特徵。

令人聯想到水果的烏龍茶

福建省西部和廣東省潮州所生產的烏龍茶，帶有水蜜桃或麝香葡萄般的香味。廣東料理店所端出的「工夫茶」就是這種茶。

鳳凰單欉芝蘭香

feng huang dan dong zhi lan xiang

產地：廣東省的潮州市鳳凰山一帶

使用紫砂茶壺，以熱開水沖泡40秒～1分鐘。

以各地製成烏龍茶絕大多數所使用的水仙種茶葉而製成。芝蘭是指香味佳的蘭花，這種茶名如其實有甘甜的花香味。鳳凰單欉主要是摘採一心二葉，而把重點放在香味上所製成的茶，因此幾乎完全沒有澀味，是非常容易入口的茶。同樣是單欉的烏龍茶，採自比鳳凰山標高更高的烏崠山所製成的茶，稱為「烏崠單欉」。採自樹齡很老的古樹所製成的茶，則稱為「宋種單欉」。

鳳凰單欉黄枝香

feng huang dan dong huang zhi xiang

產地：廣東省的潮州市鳳凰山一帶

使用紫砂茶壺，以熱開水沖泡40秒～1分鐘。

以摘採自廣東省東部、潮州市郊外的鳳凰山的茶葉製成的烏龍茶。單欉就是「一棵樹」；這種茶的名稱指的就是只從一棵樹的茶葉製成的茶。以不同的香味特徵命名，分別有黃枝香、芝蘭香、蜜蘭香等。黃枝香是帶有像蜜桃或麝香葡萄般的香味，也是鳳凰單欉中最廣受飲用的茶。它的特徵是含有大量的單寧，澀味很強。

以宜興壺沖泡中國茶的方法

「海風號」的設樂光太郎先生指導的

＊海風號

老闆設樂光太郎先生是日本少數中國茶葉學會的會員，在中國各地擁有自己的人脈，可以買到品質優良的茶葉。由於可以向製作宜興茶壺的師傅直接購買，因而蒐藏了許多年代久遠的珍貴茶壺，足以和美術館的水準媲美。

參觀海風號時，一定會心有所感。因為這家店不單只是販售茶葉和茶具的地方，同時也是老闆設樂光太郎先生個人的遊戲空間，不禁讓人深深的感受到，就是因為有了這些泡茶的小道具，才會有好喝的茶。

老闆所泡出的每一種茶也全都是高級品。在這裡，可以慢慢用心品味此處才有的、味道強勁的茶。

有時候，當客人要點茶單上面的某種茶時，老闆會說：「我現在對它還沒有信心，還是這一種茶比較好喝。」從這句話中不難看出老闆對茶的用心；他認為茶葉是農產品，所以任何時候品嚐，味道應該是不一樣的。

海風號中網羅許多宜興茶壺的名品，可以看出老闆設樂先生的審美眼光。

我們特別請對茶壺頗有研究的設樂先生，教我們如何使用宜興茶壺沖泡出美味的發酵茶。

①②把茶葉放入溫過的茶壺底部，約像一座小山程度的量。再將煮沸的熱開水從高處往下，使茶葉上下旋轉的方式，慢慢注入茶壺中。

③可以在茶壺外面淋上熱水，保持茶壺內的溫度不會下降。

④等一定的時間過後，再將茶水注入茶海。要迅速提起茶壺，一口氣倒出來。然後再分倒進各個小杯中。

※根據設樂先生的手法，在步驟①時，要配合熱水的流動，讓茶葉在茶壺中形成環流。

※在連續沖泡幾泡之後，已經煮開過的開水不必再重複煮開。任由水溫慢慢下降，茶葉會跟著慢慢舒展開來，可以享受更持久的美味。

隨著時代變遷，茶具是如何演進的呢？

〈飲茶法和茶具的歷史變遷〉

台北故宮博物院所收藏的清代茶壺

中國茶、台灣茶的茶具是如何演變而來的呢？據說流傳到現代所使用的茶具，是起源於陸羽生長的時代—唐朝。當時上流階層飲茶的風氣盛行，使用一種有「祕色瓷」之稱的美麗青瓷所製成的茶碗。唐代以後，經過五代十國，直到宋代，喝茶的習慣才普及到一般市民大眾。

此時才出現了白磁、天目等等青瓷所做成的茶碗，讓茶水的色澤顯得更為好看，同時更容易感受到茶的香味。茶具的體型趨於小巧，造型也變得更加洗鍊。到了蒙古所建立的王朝—元代，開始出現加入了鈷元素所燒製的青花瓷器，一直延續到現在仍然受到大家的喜愛。

到了明代，由於初期的洪武帝下令禁止生產塊狀茶葉，使得散茶的製法得到了發展，出現了龍井茶等有名的綠茶。伴隨著散茶的發展，茶壺也開始興盛，於是宜興茶壺逐漸流行。直到清代，隨著彩繪技術的發達，出現了製作精巧的茶具。一個人也可以享受喝茶樂趣的蓋碗，也是在此時完成的。直到二十世紀後半，在台灣出現了可以品味烏龍茶香氣的聞香杯，現代版的整套「工夫茶具」至此成形。

茶具的變遷

	隋唐	宋	遼金元	明	清
茶壺				 	
茶杯		 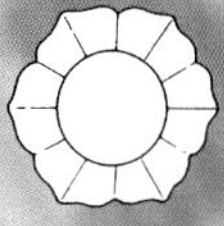			
茶托等等		 			

紅茶

蜂蜜般的香味與柔和的口感 具有西洋魅力的「女王之茶」

hong cha

「紅茶的起源，是在把茶葉由中國運送到英國的途中，綠茶轉變成紅茶而來的。」

這種說法當然是錯誤的。因為綠茶一旦加熱阻止茶葉的氧化之後，便無法再度氧化變成紅茶。自十七世紀以後，從中國輸入英國的茶葉多半是武夷山生產的綠茶，稱為「Bohea tea」。之後，直到武夷山一帶的發酵茶的製法確立，才逐漸轉為輸出較不容易變質的發酵茶。

之後，為配合英國的大量需求，在福建省以外的各地也開始製作紅茶，作為輸出之用。其中又以祁門紅茶（英文名稱為Keemum）成為最高級的品牌，廣受喜愛，為世界三大紅茶之一。

如今，中國從安徽省、浙江省和長江流域，到福建省、雲南省等華南地區，相當遼闊的地區都有生產紅茶。

在長江流域或福建省所生產的紅茶，是以和綠茶同種的小葉種所製成的。由於茶葉中所含的單寧成分較少，所以完全沒有澀味，帶有類似花或蜜般的甘甜香味。尤其是祁門紅茶如花般的香味，有「祁門香」之稱，也被比喻成蘭花的香味。

中國製作紅茶的最初過程和烏龍茶一樣，先放置在日光下和室內晒乾，去除茶

【一紅一綠】

有九曲紅梅之稱的紅茶，和著名的綠茶－西湖龍井的產地一樣，因此，人稱杭州有「一紅一綠」的名茶。九曲紅梅這個名字是由茶葉揉捻彎曲的樣子，和附近龍的傳說而來的。又稱為「九曲烏龍」。

＊世界三大紅茶

斯里蘭卡的烏巴、印度的大吉嶺和中國的祁門紅茶。其中歷史最悠久的當然是中國的紅茶。大吉嶺的茶樹栽培和製茶業，是英國人種植從中國帶回的茶樹而開始的。

葉的水分，也就是「萎凋」的程序。之後，再讓茶葉充分接觸空氣，揉捻茶葉破壞它的細胞組織，讓茶葉達到完全發酵的程度。此時，和烏龍茶製法的不同之處，在於有「揉切」的加工過程，也就是將茶葉切碎。把茶葉切碎的紅茶稱為「分級紅茶」，和保留全葉的紅茶不同。如此經過充分發酵後的茶葉，如同武夷山產的正山小種，最後經過燻香後完成。一般的紅茶則是以焙火讓茶葉乾燥。

安徽或浙江省所產的小葉種所製成的紅茶，茶水顏色較淡，沒有澀味，而且帶有細緻的香味。因此，最好不添加任何東西直接飲用。至於比較有澀味的雲南紅茶，則適合以奶茶的方式飲用，或是做成紅茶的甜點。

紅茶

九曲紅梅

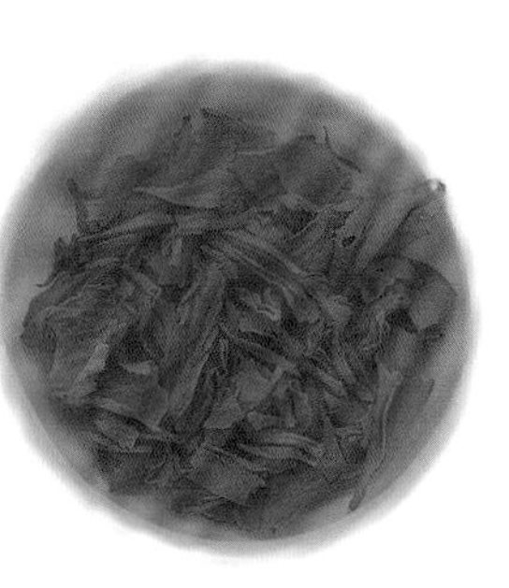

雲南工夫紅茶

祁門紅茶

【揉切和味道】

中國紅茶根據不同的茶葉品種，以及不同的製法，茶水和味道都會產生極大的差異。照片由右到左，分別是祁門紅茶、九曲紅梅、雲南工夫紅茶。祁門紅茶是摘採一心二葉到三葉的茶葉，為促進發酵而將葉子切碎。此道加工程序稱為揉切。其他兩種茶葉雖然沒有切碎，但雲南工夫紅茶的茶葉幾乎比九曲紅梅要大一倍。九曲紅梅完全沒有澀味，而雲南工夫紅茶的味道跟阿薩姆紅茶很像，有強烈的澀味。

以清飲法品味中國茶的正統派

在以綠茶的故鄉聞名的安徽、浙江省，
也有生產世界著名的紅茶。
一同來品嚐中國紅茶的細緻滋味吧！

九曲紅梅

jiu qu hong mei

產地：浙江省杭州市周邊

使用瓷器或是燒製的茶壺，以熱開水沖泡1分鐘。

在綠茶的名茶—龍井的產地所製成的紅茶，據說此地的茶葉已經有百年以上的歷史。源自武夷山有名的風景勝地九曲溪，據說是在太平天國之亂時，福建省的居民移居到西湖附近，才開始製作紅茶的。由茶葉的外觀呈現黑色、扭曲的樣子，因而又稱為九曲烏龍。當地也有壓成一塊十幾公分的種類，同樣帶有蜂蜜般的香味和細緻的風味。

祁門紅茶

qi men hong cha

產地：安徽省祁門縣

使用瓷器或燒製的茶壺，以熱開水沖泡1～1.5分鐘

以過四月中旬所摘採的一心二葉到三葉的茶葉，精心製成的紅茶。帶有所謂祁門香的特有花香味，又稱為東洋隋一，深獲英國王室貴族的喜愛。茶水呈現透明的橘紅色。即使沖泡的時間很長，也完全沒有澀味。由於風味細緻，比較適合搭配有苦巧克力味道的甜點。

從香味中體驗個性的各地紅茶

精心製成的工夫紅茶，或是覆蓋白毫的心芽製成的紅茶，
以個性的香味擄獲歐洲人的紅茶等等，
讓我們一同品味中國紅茶的個性。

雲南工夫紅茶

yun nan gong fu hong cha

產地：雲南省西部到南部一帶

使用瓷器或燒製的茶壺，以熱開水沖泡1分鐘。

以每一葉都是手工精心摘採的雲南大葉種，加上手工費時的方式所製成的紅茶。和其他的中國紅茶比起來，感覺有點澀味，但有甘甜的後味，像蜂蜜般的餘韻極為持久。是從二十世紀後半開始生產的茶。直到九〇年代之後，才獲得高度的評價和注目。最近也有像烏龍茶一樣，把茶葉揉成半球形的種類。由於茶水的色澤鮮豔，因而又有「滇紅工夫」之稱。

銀毫紅茶

yin hao hong cha

產地：福建省福州市周邊

使用瓷器或燒製的茶壺，以90～100℃的開水沖泡30秒～1分鐘。

只使用覆蓋白毫的心芽所精心製成的紅茶。它的英文名稱為「flowery orange pekoe」，也有使用同樣茶葉的分級紅茶。雖然這是福建省所產的，不過在雲南省也有使用當地大葉種的心芽所製成的同樣紅茶，在台灣也有同樣的紅茶。帶有水果般甘甜的香味。由於是只有使用嫩芽的茶葉，因此最好慢慢沖泡才能品嚐出它柔和的味道。

*清飲法

就是不加砂糖或牛奶的喝法。中國紅茶一般都是直接飲用，尤其是以安徽省或浙江省所產的小葉品種的茶葉所製成的紅茶，風味細緻完全沒有澀味，最適合不添加任何東西直接飲用。

正山小種

zheng shan xiao zhong

產地：福建省武夷山市

使用瓷器或是燒製的茶壺，以熱開水沖泡30秒～1分鐘。

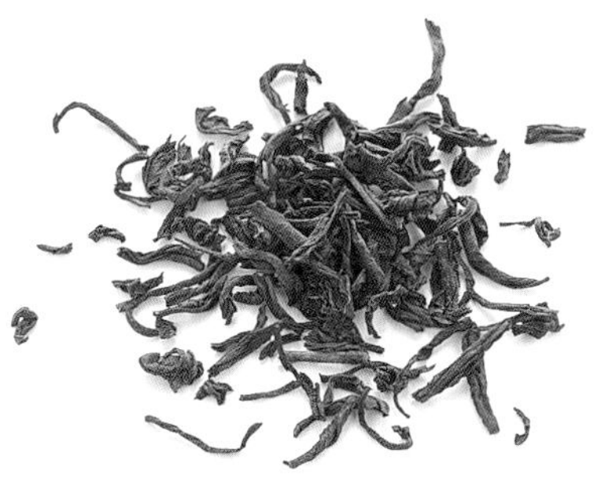

英文名稱為lapsang souchong。在英國被當成下午茶時飲用的茶，很受歡迎。「souchong」是指第四片葉子的意思。讓生長的第四片葉子充分發酵，在乾燥之前，焚燒松枝讓它燻香。在品嚐過它個性化的香味之後，還能享受它的澀味和甘甜。普及品的燻香味道極為強烈，但是上等的品質香味比較優雅，非常適合搭配餅乾一起享用。

英德紅茶

ying de hong cha

產地：廣東省英德縣

使用瓷器或是燒製的茶壺，以熱開水沖泡30秒～1分鐘。

位於廣東省北部約一百公里左右的英德，是新興的茶葉產地。此地所產的並非中國傳統的紅茶，而是學習印度紅茶的製法，大量生產專供輸出之用的紅茶。所使用的茶葉原料是廣東省的鳳凰水仙種，或是雲南的大葉種。所含的單寧感覺澀味適中，是適合人人飲用的紅茶。當地人喝茶的方式，多半是採用不添加任何東西的清飲法。

英國紅茶與中國茶的關係

「東洋的小小葉子，征服了大英帝國」

茶這種東洋飲料在十七世紀登陸英國之後，不久便在一般大眾之間廣為流傳開來。茶所引發的熱潮歷久不衰，關於茶「究竟是毒藥還是藥物」的議題一直爭論不休，許多植物學者針對茶的特質和它對人體的影響，發表了研究成果。就如開頭所說的，英國的上流階級隨即成為茶葉的俘虜，不久茶葉也成為一般市民的生活必需品。

中國的茶葉最初傳入英國是在一六三〇年左右，當時所傳入的並非紅茶，而是綠茶。據說英國的貴族用鑰匙把綠茶鎖在箱子裡保管，等有重要的客人來時才拿出來招待。之後，武夷山製作發酵茶的技術確立，由於這種茶比綠茶更適合英國的水質，於是進而普及到一般的英國市民。

斯里蘭卡的紅茶多半輸出到歐洲、美國。在亞洲則大多輸出到日本。

根據記載，到了十八世紀，茶葉已經成為英國市民每天不可缺少的飲料。一八二三年，英國仰賴中國茶葉的進口已經到了極為嚴重的地步，此時在阿薩姆發現了與中國種不同的茶樹。不過，當初它並不被認為是茶樹。茶葉要在印度栽培成功，還需要一段很長的時間。

為了矯正因此導致的貿易偏差，於是英國心生一計，開始向中國輸出鴉片，作為交換茶葉的物品，後來終於爆發了所謂的鴉片戰爭。為了茶葉引發了戰爭，也開發了印度或錫蘭的山野……。東洋的小小葉子，不僅讓英國，也讓地球產生大規模的變化。

【CTC】在由英國所開發的印度、斯里蘭卡的茶園所製成的紅茶，大多是屬於CTC類型。所謂CTC分別是crush（壓碎）、tear（撕碎）、curl（捲形）的簡稱。為促進茶葉的發酵，而把茶葉切成兩公釐左右的大小，再捲成形。中國紅茶很少有這種類型，這種紅茶主要專供茶包之用。

黑茶

花時間慢慢發酵所帶來的圓潤風味和神祕的力量

hei cha

據說喝了可以瘦身而深受女性青睞；此外，如同放了「好幾十年」的陳年葡萄酒一樣有價值的宣傳，也吸引了男性的注意。黑茶的代表就是普洱茶。為何會產生這些附加價值呢？它的價值果真如傳說的那樣嗎？

黑茶是屬於後發酵茶。如同綠茶的製法，一旦阻止茶葉的氧化之後，便將茶葉放置在高溫多溼的場所，重新讓它產生微生物發酵。現今只要一提到微生物發酵，似乎就是健康食品的代名詞。相信黑茶也具有同樣的效果。

在美食之都─香港飲茶，茶樓所供應的茶一定是普洱茶。因為飲茶主要是在品嚐各種點心，因此最適合搭配可以代謝食物脂肪的普洱茶。

一般人對潽洱茶的這種功效似乎有些許誤解；雖然黑茶容易分解食物中的脂肪成分，具有抑制血液中脂肪酸增大的效果，但並不能減少附著在體內的皮下脂肪。不過，它具有讓腸的功能正常化的功效。必須選擇品質好的茶葉，才能充分達到這種效果。最重要的不在於價錢的高低，而是要挑選花長時間慢慢充分發酵過的茶葉。

從黑茶的產地─中國的雲南省到緬甸

【洗茶和小泡沫】

沖泡中國茶時，通常都會把第一泡倒掉。像烏龍茶等的茶倒是沒有必要，只有黑茶的第一泡是用來沖洗茶葉。這時要注意小泡沫，如果注入熱開水之後，會連續冒出小小的泡沫的話，就表示是等級不錯的茶。

【普洱茶的顏色、茶水】

要分辨普洱茶的好壞，可以從茶葉的顏色和茶水加以判斷。品質較好的茶葉呈現褐色，茶水則是透明的褐色且帶有紅色，周圍看起來如金環。

、泰國北部的高溫多溼的地區，有把茶葉像醬菜般發酵用來食用的習慣。此外，在蒙古或西藏等乾燥地區，則把製成磚塊狀的後發酵茶，加入牛奶或奶油飲用，用來補充維他命。由此可見，後發酵茶中含有人類在嚴酷的自然環境中，所賴以維生的物質。

儘管如此，在飲用黑茶時還是應該特別注意，不要飲用過量的濃茶。有些醫生還特別提出警告，要大家不要一味的以為喝茶對身體很好、可以瘦身，而大量飲用濃茶。如此一來，可能會對身體健康造成損害。

一般而言，有固定形狀的餅茶或沱茶比散茶安全，因為它發酵的時間通常會比較久。建議不妨喝輕巧方便的小沱茶，直徑二~三公分的大小，一次便可以喝完。

＊餅茶、沱茶

餅茶和沱茶分別是把茶葉壓成圓盤狀和碗狀，再慢慢讓它後發酵而成的茶，也是普洱茶中常見的種類。據說以前餅茶是屬於高級品，而沱茶則是普及品。塊狀的茶葉不要將它用力扳開，只要順著邊緣輕輕剝下就可以了。如果很難剝開的話，就用竹籤將它戳開。

陳年的高級餅茶

「陳年」顧名思義就是年代很久的意思。擺放數年的酒稱為陳年酒，茶葉則有陳年茶。按照日本人的想法，會認為茶葉當然是越新鮮越好，不過普洱茶卻是放越久越珍貴；就像葡萄酒一樣，年代越久，價格越高。

普洱茶之所以能在全世界廣為流行，也是因為它具有長久擺放也不會變質的特性。它具有的幫助消化、解渴、抗菌、促進脂肪代謝等藥效，也被認為越陳年的茶葉效果越好。或許是因為這些傳說的關係，最近還舉辦了陳年普洱茶的拍賣會，聽說來自台灣、香港、東南亞的富商，爭相搶購陳年的普洱茶。甚至還聽說餅茶一個要賣好幾百萬日圓。

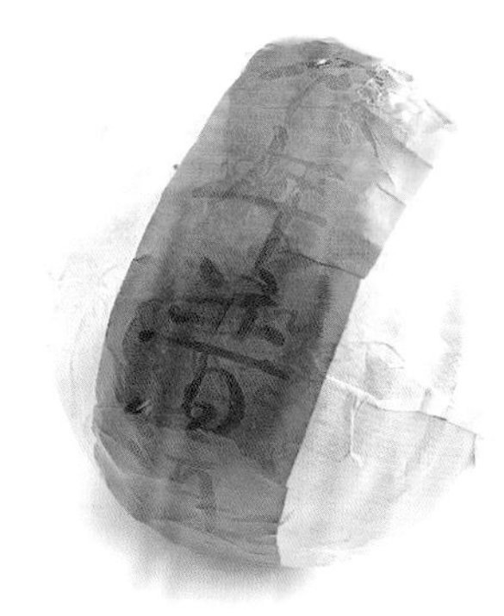

我所喝過年代最久的，是有九十年的普洱茶。是台北的「紫藤廬」茶藝館的主人周游先生招待的。製茶後再慢慢讓它持續後發酵的黑茶，聽說經過數十年之後味道會變得更加圓潤，在喝過有九十年之久的普洱茶後，便不難理解這個說法了。有天鵝絨般的口感和上等皮革的香味，還帶有圓潤的甘醇。

如果是二十年左右的普洱茶，以一般普通的價錢便可以買到品質不錯的陳年茶。

品嚐各式各樣的普洱茶

普洱茶

pu'er cha

產地：從雲南省昆明市到下關
使用瓷器的茶壺，以熱開水沖泡1分鐘，第一泡用來洗茶。

右邊照片的普洱茶是所謂的散茶。有分先壓成形後，經後發酵再弄散的茶葉；以及一開始便以散茶的方式放在高溫多溼的場所，堆積後讓它後發酵的茶葉。價格上大多比較便宜。

普洱是位於雲南省南部一座山的名稱。原本是此地所生產的茶葉非常有名，之後成為著名的茶葉交易品牌。於是黑茶就等同於普洱茶，廣為世界所認知。

不過，英文的Black tea指的是紅茶。在歐美關於茶的書中，也有把後發酵茶就定義成是普洱茶。

首先就讓我們來品嚐各式各樣的普洱茶吧！

普洱茶磚

pu'er cha zhuan

產地：雲南省下關周邊
把茶葉壓成像磚塊般的形狀，而有此稱呼。也是香港的茶莊中銷路最好的茶。在普洱茶中香味最好而廣受好評。

雲南七子餅茶

yun nan qi zi pin cha

產地：雲南省昆明市

普洱茶中最負盛名的就是餅茶。最好挑選茶葉的線條比較漂亮的。年份大多有數十年之久，近年來由於價格高漲，所以比較難買到。品質不錯的茶葉，會帶有蓮葉或樹皮的香味。

普洱沱茶

pu'er tuo cha

產地：從雲南省昆明市到下關

壓成像碗的形狀，據說原本是以等級較差的茶葉製成的，但仔細挑選也可以找到品質不錯的茶葉。因為質地比較硬，所以最好順著邊緣剝開。

普洱園茶

pu'er yuen cha

產地：從雲南省的昆明市到下關

把餅茶縮小到直徑大約十二～十三公分的普洱茶。把五～六個這種茶葉，用竹葉包裹起來，再讓它慢慢成熟。

小沱茶

xiao tuo cha

產地：從雲南省昆明市到下關

輕巧方便的普洱茶。有些會加入菊花或米。是飲茶時常常可以喝到的茶。也有以紅茶壓成的小沱茶，非常適合女性飲用。

廣西僮族自治區生產的黑茶

廣西僮族自治區的茶，自古以來
多被運送到香港或廣州，而為大眾所熟悉。
不妨在品茗時，想像一下桂林的山水。

竹殼茶

zhu qiao cha

產地：廣西僮族自治區

用燒製、瓷器的茶壺，以熱水沖泡
30秒～1分鐘，第一泡洗茶。

將六堡茶經過殺青、揉捻後，以竹葉包裹，讓它附著竹葉的香味慢慢成熟。自古以來便因為風味佳、對身體有益，而作為獻給皇帝的貢茶。六堡茶以年份越久的越珍貴，尤其是有所謂「發金花」的黃色黴菌的更是極品。這種發金花是一種菌類，會讓茶葉產生麴菌，而增添茶葉的特殊風味。不過，茶葉本身並不會有黴菌的味道。

頂蓋六安

ding gai liu an

產地：廣西僮族自治區

用燒製、瓷器的茶壺，以熱水沖泡
30秒～1分鐘，第一泡洗茶。

把著名的綠茶產地—安徽省六安的綠茶塞進竹籃中，讓它後發酵而製成的茶葉。雖然在雲南省也有以六安的綠茶為原料所製成的黑茶，不過廣西僮族自治區則有形形色色的種類。這一類型的茶葉，由於壓得比較沒有那麼緊實，所以它的優點是比較容易剝開。最近無論在中國各地或台灣都有販售。在沖泡時一定要先洗茶。茶水相當濃，具有柔和的香氣和味道。

廣西六堡餅茶

guang xi liu pou pin cha

產地：廣西僮族自治區

用燒製、瓷器的茶壺，以熱水沖泡30秒～1分鐘，第一泡洗茶。

把六堡茶壓成餅的形狀。它的特徵是無論是茶葉的顏色或茶水都相當黑。品質良好的茶葉，會帶有一股像燃燒杉樹時的味道。這是以晒青綠茶為原料所製成的黑茶，有些則是以紅茶的茶葉壓成形，再讓它後發酵而製成的。將茶葉輕輕剝開，可以看到黃色、小小的塊狀物，這就是發金花，可以讓茶葉產生麴菌、促進發酵，增添茶葉的風味。

六堡茶

liu pou cha

產地：廣西僮族自治區

用燒製、瓷器的茶壺，以熱水沖泡30秒～1分鐘，第一泡洗茶。

廣西僮族自治區以桂林的風景名勝地著稱。此地自古以來便已開始製作茶葉，但無法確定是從何時開始的。這一帶的茶樹和雲南一樣，都是大葉種，有些甚至長到十公尺高。這種茶是摘採一心四葉的茶葉，經過殺青、日晒乾燥後，再以反覆揉捻、堆渥的過程，讓它後發酵而製成的。帶有一種類似水果的酸味。

擁有高貴的黃色
深受歷史上重要人物喜愛的上等茶

huang cha

黃色是禁忌的顏色，只有身分特殊的人才准許穿戴；在中國清朝時代，只有皇帝才能佩戴。在遠離京城的土地上，製作黃色的上等茶進貢給皇帝的軼聞，指的就是在湖南省的洞庭湖附近所生產的君山銀針。擁有細長的心芽連同茸毛，和會轉變成黃色的茶葉，姿態曼妙，是非常適合獻給皇帝的茶。據說清代即盛時期、文化造詣頗高的乾隆皇帝特別偏好此種茶。

黃茶的外觀乍看之下和綠茶很像，由於後發酵的緣故，所以茶葉會變成黃色，帶有水果般的香味。製作的方式是將茶葉加熱阻止其氧化後，於揉捻、放入火烤的乾燥過程途中，在茶葉仍有餘溫和水分的狀態下先堆積，讓它產生微生物發酵。這個過程稱為「悶黃」，不同的茶葉所採用的方式也不太一樣。

除了湖南省生產的君山銀針之外，安徽省或四川省也有生產黃茶，都是自古以來歷史相當悠久的上等茶，其中有些茶甚至起源於漢代。有些使用嫩葉，也有使用較大的葉子。雖然茶葉的形狀、味道都不盡相同，但是總生產量都很少，可說是極為稀少的茶。

【黃茶的茶水顏色】
君山銀針即使經過長時間沖泡，茶水的色澤仍然很淡。霍山黃芽則會隨著時間的流逝，而轉變成較濃的黃色。但兩者的味道特徵是都有一股柔和的甘醇味。完全沒有後發酵所產生的澀味。

＊悶黃
製作黃茶所特有的後發酵過程之一。趁著茶葉仍有餘熱和殘留的水分，讓它產生微生物發酵。期間為一～三天。君山銀針的悶黃方法和其他的黃茶不同，是把茶葉塞進箱子，分二～三次，共七十二小時的時間，讓它慢慢發酵。

享受後發酵的輕柔甘甜和薰香

歷史悠久的黃茶是近來產量極為稀少的茶。
雖然有味道的濃淡之別，但都具有後發酵茶特有的香味。
不禁令人發思古之幽情。

黃茶的歷史相當悠久，其證據之一就是在唐代所寫的茶的聖經—《茶經》一書中，也有提到黃茶。書上記載著安徽省的霍山為上等名茶的故鄉，此地的名茶—霍山黃芽是唐代著名的二十種上等名茶之一。如今的霍山黃芽並非當時所流傳下來的，而是經過一段時間沒落，直到一九七〇年代以後才又再度興起所製作的茶。

據說四川省所生產的蒙頂黃芽年代更為久遠，是源自漢朝。至於真假如何則無法確定。據說此名茶自古便被用來治病，可讓病人快速痊癒。

君山銀針

jun shan yin zhen

產地：湖南省岳陽市（洞庭湖的君山附近）

使用玻璃或白磁的器具，以90℃～100℃的熱開水沖泡3～5分鐘。

君山的別名為洞庭山，是聳立在洞庭湖的一處風景名勝地；在唐代詩人李白也寫過「玉鏡（洞庭湖）嵌君山」的詩句。穀雨（四月二十日左右）在此地摘採的一心一葉所製成的君山銀針，據說是乾隆皇帝特別偏好的茶，每年都必須進貢。製作一斤茶需要二萬～二萬五千個芽，以五〇℃前後讓它半乾燥之後，再把茶葉用牛皮紙包起來，然後放進木箱讓它產生後發酵。這種悶黃的過程要反覆操作三次以上。

＊乾隆皇帝

（一七一一～一七九九）和康熙皇帝所統治的時代並稱為清代的盛世，文化造詣頗佳。他所下令編撰的《大清一統志》或《四庫全書》，在歷史上都極為有名。在清代的宮廷小說《紅樓夢》一書中，也提到獻給皇帝的茶為「老君眉」。可見此種茶在宮中極負盛名。

霍山黃芽

huo shan huang ya

產地：安徽省黃山市附近

使用玻璃或白磁的器具，以80℃～90℃的熱開水沖泡3分鐘左右。

霍山黃芽的威名遠播，在清代作為皇帝的貢茶而廣為人知，不過，之後逐漸式微，如今的茶葉是在一九七〇年代以後重新生產的。使用穀雨前所摘採的一心一葉或一心二葉的茶葉，反覆兩次以火烤乾燥和悶黃的過程，精心讓它釋放出香味。長時間沖泡的話，茶水的顏色會變得很濃，但沒有苦味，是非常容易入口的茶。

蒙頂黃芽

meng ding huang ya

產地：四川省蒙山周邊

使用玻璃或白磁的器具，以80℃左右的熱開水沖泡3分鐘。

矗立在大都市—成都西部郊外的蒙山和峨嵋山，並稱為靈峰。古寺分布在五峰相連的山間，而一望無際的茶園則圍繞著寺院。此地的製茶歷史相當悠久，據說是始於後漢時代普慧禪師所種植的七棵茶樹。相傳在誦經時將茶放進銀壺供奉，喝過之後可讓疾病痊癒。此茶是以春分時所摘採的一心一葉所製成的高級品。

西洋以花香作為香水 中國卻把花香融入茶中

hua cha

對日本人而言，茉莉香片可以說是最熟悉的中國茶。在華南地區以外的中國餐館，所端出的茶通常都是茉莉香片。在中國茶葉的生產量上占七成以上的綠茶，其中有五成以上被用來加工製成茉莉香片。自古以來的製作方法是讓花的香味附著在茶葉上，或是把花和茶葉混在一起。據說在十七世紀運送到英國的綠茶中，好像也混入了不少的花瓣。除了花之外，有些茶也會加入水果等等的香味，這類型的茶總稱為香茶。

花茶、香茶大致上可分為兩種。一種是像茉莉香片一樣，讓茶葉附著花或水果的香味。另一種則像菊花茶一樣，雖然稱為茶，但卻沒有使用茶葉，而是直接讓花乾燥後，拿來沖泡飲用。此外，前者有些只是讓茶葉上附著香味而已，有些則會混入少量的花瓣或果實。不過，最近有許多花茶大多是以人工香料替代真正的花或水果的香味。

除此之外，帶有桂花香味的桂花茶和玫瑰花茶也很受歡迎。玫瑰花可以直接沖泡，也可以加入茶葉中飲用。

近年來，混入中國的水果—荔枝、龍眼等的香味或果肉的紅茶，也逐漸的受到注目。

【茉莉花的香味】
茉莉花的香味具有芳香療法的效果。因為茉莉花中的主要成分，同時具有放鬆和提神的效果。通常在越南、泰國、印尼等地方，也會在茶中添加茉莉花香。

【安徽的菊花】

從浙江省到安徽省一帶，以綠茶的產地著稱，同時也是有名的菊花產地。有些是和茶葉一起加工，有些則是直接將花烘乾製成。據說以安徽省所產的白菊最適合泡茶飲用。（請見八九頁）

華北地區餐桌上不可或缺的茉莉花茶

據說在超過茶葉栽培北限的華北，
餐桌上最常飲用的茶就是茉莉香片；
來自遙遠的南方福建所運送來的花香茶。

【茉莉花】

產地：福建省、東南亞各地

茉莉花的原產地從印度到中東。目前製作花茶所使用的花，幾乎都是福建省所產的。由於北京人經常食用羊肉等等，為了消除口腔的異味，因而偏好帶有花香味的茶。以良質的茶葉薰上花香的茉莉龍珠、白毫銀針茉莉等高級的茉莉香片，最初也是從北京開始引發熱潮的。茉莉香片的製法是在早晨摘取茉莉花的花苞，到了下午等花開時，在上面鋪上一層布，將茶葉攤開放在上面，讓它吸收花的香氣。製作高級的茉莉香片，必須重複好幾次這項作業程序。

茉莉龍珠

mo li long zhu

產地：福建省福州市周邊、浙江省

使用玻璃器具、瓷器，以開水或80℃的熱開水沖泡30秒～1分鐘。

將福建省產的綠茶茶葉揉成圓形，再讓它吸收茉莉花的香味所製成的茶。又稱為珍珠茉莉、珍珠花茶。由於最近所使用的大多是人工香料，所以最好先試喝之後，再挑選香味高雅的茶。一注入開水，圓形的茶葉會立刻展開，釋放出花的香味。品質較好的茶葉可沖泡十次左右。如果想喝出綠茶的甘醇，可以用冷開水慢慢浸泡。

＊茉莉花的花苞

最高級的茉莉花茶，是吸收茉莉花的花苞香氣所製成的。在產地福建省，將清晨摘採的花苞放置到下午，趁著香味達到最高點時，再把茶葉攤開放在上面，讓它吸收花的香味。

白毫銀針茉莉

bai hao yin zhen mo li

產地：福建省各地

使用玻璃器具、瓷器，以80℃的熱開水沖泡1分鐘。

以白毫銀針吸收茉莉花的香味，再混入少量的茉莉花瓣而製成的高級茉莉花茶，因此即使在中國也很少大量販售。具有高雅的香味，和使用人工香料的茶葉完全不同。以玻璃的茶器用溫開水慢慢沖泡，雖然花香會減弱，但卻能欣賞茶葉立起來的樣子。有的是以類似白毫的綠茶所製成的茉莉銀毫。

茉莉烏龍

mo li oolong

產地：福建省各地

使用瓷器的茶壺，以熱開水沖泡30秒～1分鐘。

以烏龍茶的茶葉薰上茉莉花的香味而製成的茶。在華北地方不太常見，但是在台灣或東南亞的餐廳用餐時所喝到的香片，大多都是這種烏龍茉莉香片。由於烏龍茶有澀味，因此用餐後可以讓口氣清爽。一般所喝的茶，都是以發酵度較低的烏龍茶為底製成的，所以喝起來很清爽、容易入口。

歷史悠久的桂花、玫瑰花茶

茶葉吸收桂花或玫瑰花香味的製法，據說起源於元代。最近由於花本身的種類相當豐富，因此對於茶葉和香味屬性的研究也很盛行。

桂花烏龍茶

gui hua oolong cha

產地：福建省

使用鍛燒或瓷器的茶壺，沖泡30秒～1分鐘。

讓烏龍茶吸收桂花的香氣而製成的茶。在吃過油膩的食物之後，喝杯桂花烏龍可使口氣清新。適合當作下午茶飲用，深受女性的喜愛。最近聽說混合桂花的烏龍茶對肝臟的功能有益，因此也逐漸受到男性的青睞。品質良好的桂花烏龍茶，是以安溪的鐵觀音吸取秋天所開的桂花而製成的。

【桂花】

產地：福建省

所謂的桂花是金木樨和銀木樨的總稱。

一七七〇年代，英國的植物學家雷德遜所著的《茶的博物誌》一書中提到：「亞洲人用以增添茶的香味、廣為人知的一種植物－木樨花，在由中國所輸入的茶中，常常可以見到。」由此可見，桂花自古以來便被用來增添茶葉的香味。

一般常用的是銀木樨，除此之外，還有金木樨，以及帶有淡淡香味的丹桂花、四季桂花等等，也被用來薰香茶葉。

貴妃烏龍

gui fei oolong

產地：福建省福州市附近

使用鍛燒或瓷器的茶壺，沖泡30秒～1分鐘。

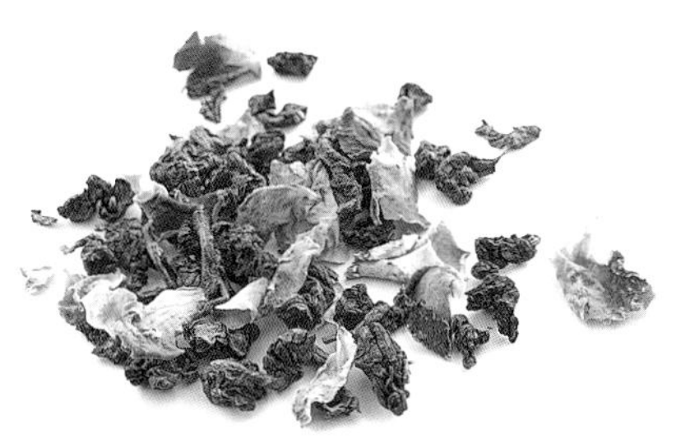

以福建省所產的烏龍茶，混合粉紅玫瑰而製成的茶。它的名稱「貴妃烏龍」，可以充分代表它給人的印象。玫瑰具有促進血液循環的效果，非常適合女性飲用。由於茶葉本身是屬於焙火較強的類型，因此和花香完全沒有牴觸。大多被當成下午茶飲用，但如果適量的話，其實在睡前飲用可以幫助睡眠。

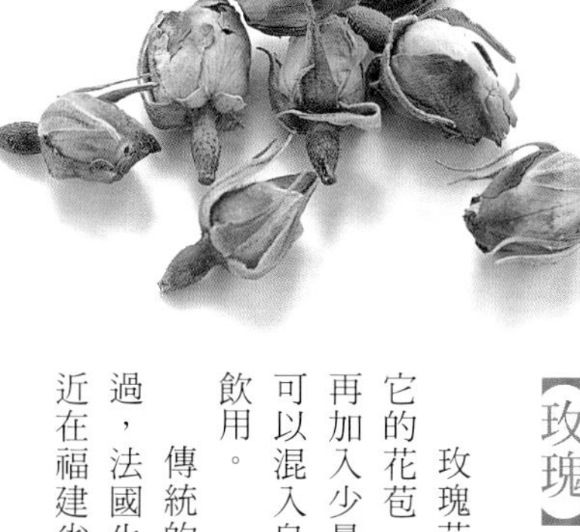

【玫瑰】

產地：浙江省、福建省

玫瑰花適合用來製茶的部分是它的花苞。可直接用熱開水沖泡，再加入少量的蜂蜜飲用。此外，還可以混入烏龍茶或紅茶中一起沖泡飲用。

傳統的中國玫瑰是紅色的，不過，法國生產的粉紅色玫瑰等，最近在福建省也開始栽培。比起紅色的玫瑰，粉色玫瑰比較沒有酸味或澀味，香味也比較濃。

在許多花草茶的專賣店便可以買到玫瑰花茶。不妨將它和茶葉混合，比較一下香味。在香港很流行把玫瑰花加入白毫銀針或普洱茶中飲用。

混合果肉或花的中國式風味茶

使用深受楊貴妃喜愛的荔枝，或具有健康效果的龍眼等
中國傳統水果所製成的紅茶，是女性喜歡的口味。
在華北深受歡迎的菊花茶也具有放鬆的效果，也是女性喜愛的花茶。

龍眼紅茶

long gan hong cha

產地：四川省峨嵋周邊

用瓷器的茶壺，沖泡30秒左右。

據說龍眼具有可以排除身體老舊廢物的功效，同時也是中藥養生茶的材料。混入乾燥的龍眼果肉製成的龍眼紅茶，是福建省和廣東省所生產的，不僅在國內銷售，還同時輸出到歐美各國。大約是二十世紀初開始製作的，主要是以品質較差的紅茶混入龍眼製成，所以價格也比較便宜。在廣州的土產店可以買到，在台灣、泰國也有生產。

荔枝紅茶

li zhi hong cha

產地：廣東省廣州市

用瓷器的茶壺，沖泡30秒左右。

深受楊貴妃喜愛的水果—荔枝，果肉多汁、味道香甜，最近也輸入日本。帶有這種荔枝香味的紅茶，最近深受女性喜愛，價格也相當便宜，不過幾乎都是添加了人工香料和糖，而非添加果汁所製成的。也有少數是混合了乾燥的荔枝果肉。這種茶的特徵是香味和甜味都比較適中。

【菊花】產地：浙江省、福建省等地

在飲用花茶為主的華北地區，菊花是相當受喜愛的素材。除了混合普洱茶之外，還可直接將乾燥的菊花沖泡飲用。

菊花的品種很多，大致上可分為花瓣較細類似和菊的類型，以及花瓣較大類似瑪格麗特的類型。混合茶葉所使用的主要是前者，後者則適合直接沖泡，可以欣賞花在水中綻放的美麗模樣。

在北京的茶藝館或餐廳喝到的，大多以會開出大朵花瓣的菊花茶為主。

＊杭州白菊

杭州所產的白菊常用來混合綠茶。原本大多是直接食用，據說有消除眼睛疲勞的功效。也可不混合茶葉，直接沖泡飲用。

＊杭州黃菊

同樣是杭州所產的黃色菊花。由於顏色鮮豔，因此很少用來混合綠茶。在北京則是把少量的花瓣混合普洱的散茶一起飲用。

八寶茶和傳統的調和茶

中國古代甚至將茶葉連同果皮或是樹皮一起煎煮飲用，因為他們認為，除了茶葉本身具有各種功效之外，添加其他的植物對身體會更好。

在這類調和茶當中，又以八寶茶最出名。以中國的幸運數字八為名，顧名思義是以八種材料調和而成的茶。在四川料理的餐館經常可以喝到這種茶。據說原本是四川、甘肅省一帶地區所飲用的茶，但是所添加的材料並沒有一定的標準。不過，唯一的共同點是都會加糖。或許是在夏天極為乾燥、酷熱的內陸地區，喝甜茶可以消除身體的飢渴和疲勞。

我個人最喜歡的是新加坡友人—陳春錦所獨創的八寶茶。此種茶在新加坡最高級的飯店—萊佛士酒店的紀念品店，或是該酒店內的春錦的茶店「茶骨禪心」內都可以買到。

一般八寶茶是加冰糖來增加它的甜味，但是春錦的八寶茶用的是冬瓜糖，還添加了綠色葡萄乾、粉紅玫瑰等調和而成，風味獨特。

除此之外，還有將茶葉和花生研磨成粉所調製的客家傳統茶—擂茶，最近在台灣或東南亞一帶相當流行。

還有將芝麻或是薑加入茶葉中混合的湖南茶，以及使用普洱茶調製成，具有蒙古風味的奶茶等等，各式各樣的調和茶。

↑→「茶骨禪心」的八寶茶

第2章

台灣茶的享用方式

台灣茶的族譜和台灣茶的歷史

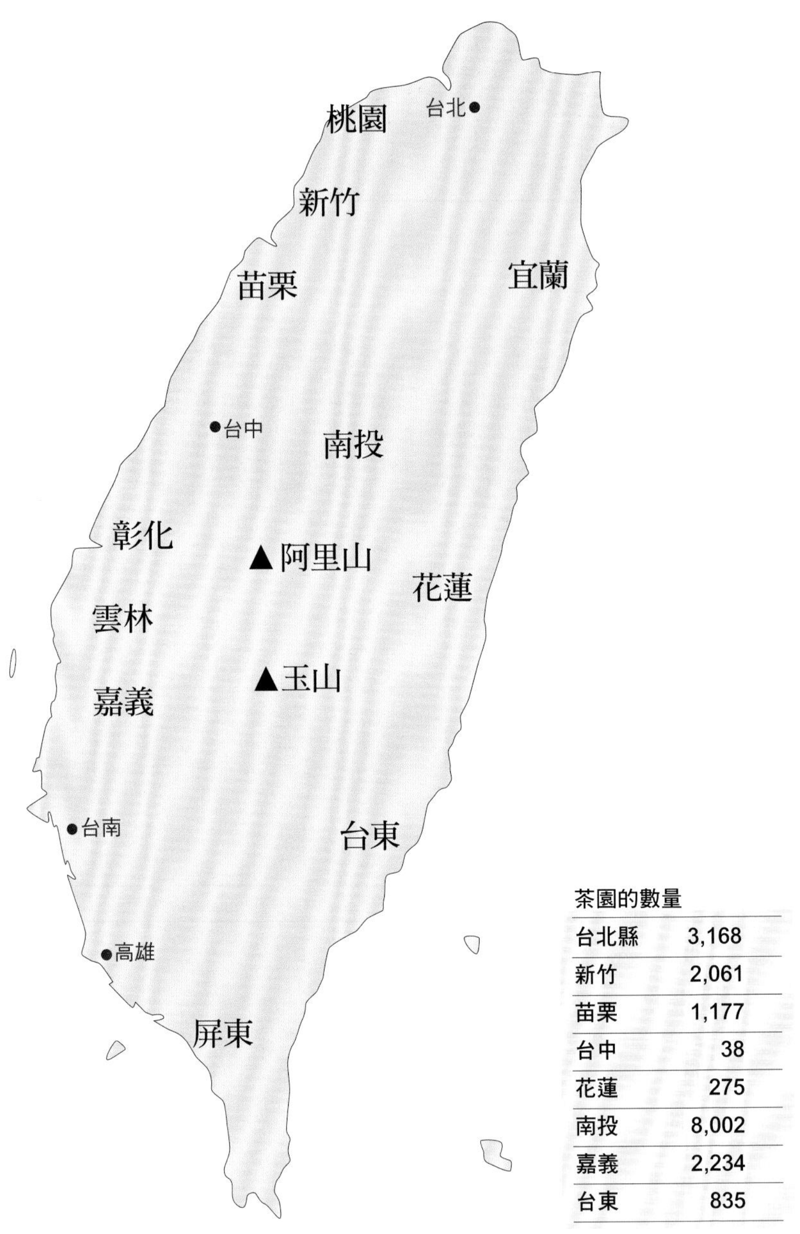

茶園的數量	
台北縣	3,168
新竹	2,061
苗栗	1,177
台中	38
花蓮	275
南投	8,002
嘉義	2,234
台東	835

以出口的明日之星發展成為連英國皇室都難以高攀的名茶

台灣茶並沒有什麼值得誇耀的歷史，因為一般認為，台灣茶的歷史是從十九世紀初，柯朝（一七九六～一八二〇）從福建省帶回茶種，在台北近郊培植才開始的。另外有史料記載，清朝咸豐年間（一八五一～六一），南投縣鹿谷鄉人林鳳池赴福建應試科舉時，帶回了烏龍茶枝並加以栽種，成了凍頂烏龍茶的原祖。

十九世紀，英國人約翰・杜德在台北把茶葉生產企業化。一八八一年，福建省泉州茶商吳福源設立了包種茶的工廠。在如此的架構之下，二十世紀初出口到英國的市場持續擴大，台灣的茶葉產業迎接了第一次的興盛期。這時候被帶到英國皇室的台灣產茶葉是夏天採摘的烏龍茶，以其甘甜及充滿魅力的香氣贏得了「Oriental Beauty（東方美人）的美名，獲得眾人的喜愛。

台灣茶的產量、進出口、消費量的推移

年	生產量(t)	出口(t)	進口(t)	每人平均消費量(g)
1971	26,784	22,924	—	270.7
1981	25,523	14,957	187	577.3
1990	22,299	14,957	2.454	936.0
1998	23,034	2,482	8,700	1334.0
2000	2,000	12,000		

*日據時代的製茶產業

在日本殖民地時代，台灣茶葉是賺取外匯的重要商品。日本政府除了獎勵製茶之外，還希望能以日本式的細膩管理手法，提升及管理其品質。現在台北茶業公會保存了作業管理手冊等史料，透過這些史料，得以一窺這段歷史的樣貌。

台灣烏龍茶的變化
依照發酵程度而異的香氣、色澤、味道

發酵程度15%・文山包種茶
（台北市文山區）
清淡的花香

發酵程度25%・凍頂烏龍茶
（南投縣鹿谷）
甘甜、梔子花般的香氣

發酵程度40%・木柵鐵觀音
（台北市木柵）
杏子般的水果香、
奶香般餘味

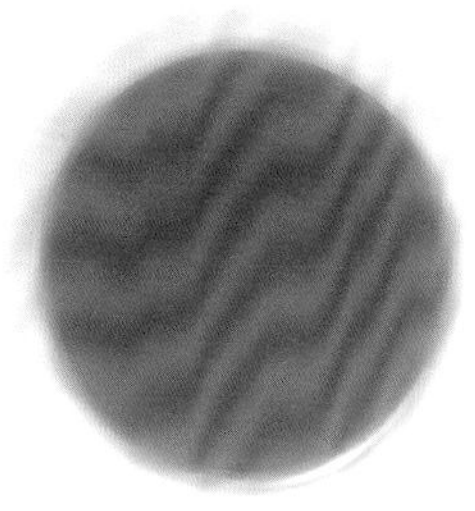

發酵程度70%・東方美人
（新竹縣等）
甘甜蜂蜜般的香氣

雖然台灣茶的種類從綠茶到紅茶各式各樣都有，但還是以烏龍茶為主。不過它變化多端，從一五%低發酵的茶，到幾乎接近紅茶的七○%高發酵都有。

雖然台灣的茶樹及製茶方法都是來自於中國的福建省，但是台灣的烏龍茶卻有著有別於大陸茶的洗鍊風格。現今的台灣高山茶不但被視為平均交易價格最高的茶，更是凌駕烏龍茶的故鄉武夷山所產的茶的名茶。

這一頁所介紹的四種茶，依發酵程度的不同而有不同茶色、香氣、味道。讓我們實際喝喝看，比較一下清淡花香和蜜一般甘甜的差別，了解台灣茶的特色。

享受梔子花香般高雅的「清香」

[凍頂烏龍茶]

dong ding oolong cha／南投縣鹿谷附近產
使用燒製的茶壺，熱水泡30秒～1分鐘。

第一次喝台灣茶的人，首先應該試一試真正品質優良的凍頂烏龍茶，因為它是台灣烏龍茶的基本。這種茶摘採清朝引進的青心烏龍茶葉一心三葉，經二五％程度發酵，揉成直徑五公釐左右的小球。

在台灣常用「清香」這個字來形容烏龍茶的香氣。梔子花般清清淡淡的甘甜香氣，彷彿乘風穿過翠綠樹林而來。和中國烏龍茶濃郁的香氣相比，這是一種清淡摩登的香味。而這些都是拜進步的發酵及烘培技術的革新所賜。

【凍頂烏龍茶的功效】

凍頂烏龍茶和其他的茶一樣，含有多酚類的抗氧化作用，能有效的代謝水分，抑制花粉症所引起的症狀。

＊凍頂烏龍茶

凍頂烏龍茶的清香是低發酵、輕烘培所孕育出來的。茶葉採收時的山區條件、季節、烘培的配合，都會造成茶的香氣、味道不同。照片中這三種就是個例子。右上方的是輕度烘培的春茶，接著則是輕度烘培的秋茶，以及深度烘培的野生烏龍茶。

近似綠茶清爽的口感
描繪台灣茶傳統的淡茶

[文山包種茶]

wen shan bao zhong cha／台北市文山區
使用燒製的茶壺，熱水泡30秒～1分鐘。

台北市東南近郊的文山區是台灣茶的發祥地。恬靜的鄉間田園到處都看得到寫著「包種茶」的招牌。之所以會有「包種」這個名稱，是因為當年福建省的茶流傳過來的時候，烏龍茶都是用蓋著紅色印記的紙，包裝成四方形後出貨。雖然現在這種包裝已經很少了，但是被包成方方正正的模樣成了一種標記，因此被稱為包種茶。發酵程度大約是一五%，算是低發酵。不用力揉成球形，只是輕輕合攏，是由來已久的製作方法。因為有著清爽的口感和淡淡的花香，所以又稱為「清茶」。是一種日本人較容易接受的茶。

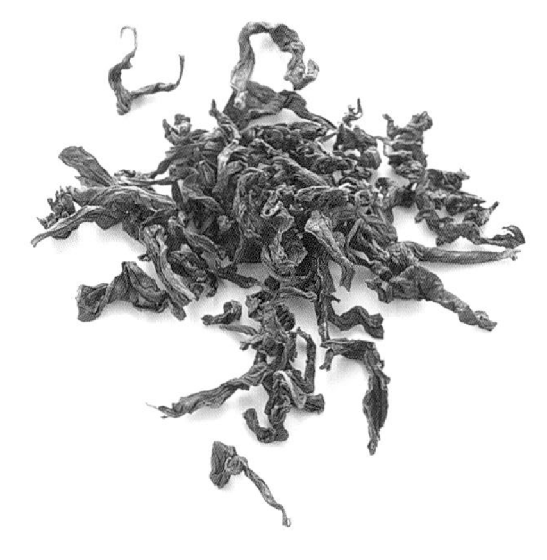

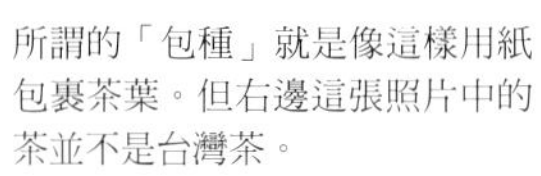

所謂的「包種」就是像這樣用紙包裹茶葉。但右邊這張照片中的茶並不是台灣茶。

【茶業博物館】

台北縣坪林有一個描繪台灣茶業發展歷史的茶業博物館。館內除了有系統分明的展示之外，還有一個別具風情的茶藝館，可以在這裡享受到道地的包種茶。從台北市區出發約需一小時車程。旅遊時不妨前往一探。

台北縣坪林鄉水德村水聳淒坑19—1號

電話：（02）2665—6035

[木柵鐵觀音]

mu zha tie guan yin／台北市文山區
使用燒製的茶壺，熱水泡30秒～1分鐘。

台北市捷運南端有一個叫做木柵的車站，這裡是鐵觀音的故鄉。在標高三百公尺的山區裡，四處可見茶田、觀光茶園、茶店等。傳統的木柵鐵觀音混合了蜂蜜般的香氣，和烘培後的香味。具有甜甜的後味，和淡淡的彷如杏子的酸味的複雜口感。近年來不但木柵的茶園減少了，純種的鐵觀音茶樹，也因為栽種不易而日益減少，所以真正的鐵觀音也就越來越珍貴。其他也有拿其他品種的茶葉，以鐵觀音式製法而加工的茶。

除了傳統的鐵觀音，也有以硬枝紅心種製作而成的鐵觀音。

[東方美人]

dong fang mei ren台北市文山區
使用瓷器或燒製的茶壺沖泡30秒～1分鐘。

這種茶自從二十世紀被運送到歐洲後，就被英國的上流社會讚美為「東洋香檳」，所以它又稱為香檳烏龍茶。它是一種由自然現象所孕育出來的名茶；茶葉經過夏天的浮塵子（一種昆蟲）啃噬之後，產生獨特的風味。雖然七○%的高發酵，使它擁有近似紅茶的風味，但卻又有著蜜一般的香氣。而茶葉含有被白色茸毛覆蓋的心芽，所以一點澀味都沒有。

據說東方美人的茶葉，混合了白芽、褐、紅、綠、黑等五種顏色。

請教「奇古堂」沈甫翰先生

台灣「ECO茶」及「奇古堂流」的作法

＊奇古堂東京沙龍

曾經讀過一篇報導，把奇古堂老闆沈先生比喻為「台灣的利休（日本茶道之集大成者）」。意思是說他是個擁有單純享受品茶樂趣精神、不拘泥形式、排除華美不實，提倡合理作法的人。在完全預約制的東京沙龍，可以細細品味沈先生的茶世界。

大約從十年前開始，「奇古堂」在喜好台灣茶的人士之間儼然成了一種品牌。那是因為奇古堂的茶和茶具不僅好喝好看，還建立在一種合理的精神之上。我在工作時泡茶也是使用奇古堂的茶壺，原因就在於不需要過於費心就能泡出一壺好茶。

奇古堂的主人沈先生於二〇〇二年在東京都內開設了沙龍。從那之後，沈先生就自稱是「ECO茶大使」。也可以說是為了「讓日本人正確了解台灣茶。讓在狂熱之中變調的部分，回歸到平常一般的作法」。

在現今壓力過大的社會之中，有許多人都在追求「心靈的療合」，所以才會引發這幾年來的愛茶風潮。但是地球環境的破壞越來越嚴重，如何愛護地球也就成了一個很重要的課題。沈先生所要提倡的，就是不僅能撫慰人心，還要能不對地球造成新的破壞的飲茶方法。

「省資源、省能源」飲茶方法，就是使用極少量的茶葉和合宜的器具。至於沖泡的方法就是慢慢享受。

①
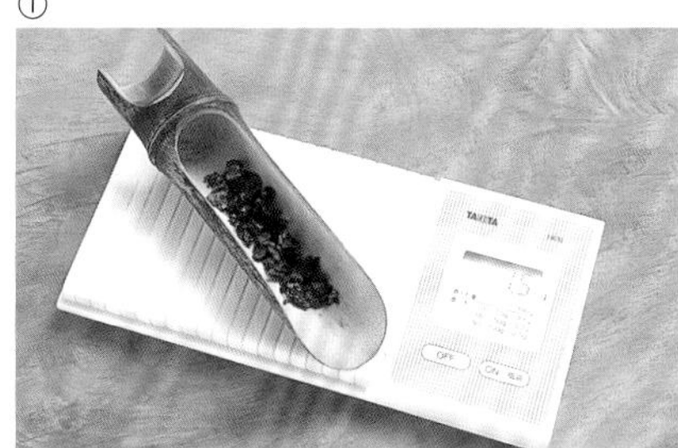

②

③

④

⑤

①茶葉用量每人〇・五公克（照片中為三人份）。這是ＥＣＯ茶最重要的一點。這樣的量不但不會「因喝茶而傾家蕩產」，也能愛護地球。

②為了配合左右手的慣用方式，所以把燒水爐放在左手邊，用左手沖開水。

③蓋上壺蓋，稍等片刻。茶壺上不需要淋熱水，因為燒製得薄而緊實的茶壺傳熱很快，所以不需要另外加熱。另外，品質優良的茶葉就算不刻意的、「勉強的」要茶葉張開，也能泡出茶葉的芬芳和甘醇。只要是能保持茶中甘醇、芳香、苦、澀各味平衡的茶葉，不管濃淡如何都能喝出好味道，就連沖泡時間也不用太在意。

④將茶水從茶壺移到茶海，並不是為了要讓茶水的濃度均一，而是為了有所間隔。

⑤將茶從茶海倒入聞香杯。

如果讓我這種懶人來解釋的話，奇古堂的「ＥＣＯ茶」就是「不費工夫」的茶；而且既經濟又環保。

我想起七、八年前，第一次看到奇古堂的茶壺時，為它單薄卻燒得緊實的美感，以及小巧得可盈手而握的樸實所著迷。當時雖然是中意它的「外貌」，但是越用就越了解到，這是沈先生為了泡茶而做了多方巧思之後，所得到的結論。

聽說沈先生二十多年前身體狀況不佳，為了保養身體才開始喝烏龍茶。由於當時的茶具並不好用，所以才動了自己設計的念頭，進而請陶藝專家嘗試製作。原本從事建築相關工作的沈先生，以科學的思考來設計茶壺。

「雖然有的書推薦說，透氣性佳、斷水性好的茶壺比較好，但是事實卻非如此。」

沈先生說，不上釉藥所燒製而成的茶壺，表面會有許多的微小毛細孔。這些毛細孔越多，透氣性就越好，水分也就容易滲透，斷水性就會變差；相反的，燒得緊實的茶壺的透氣性雖然不佳，但是斷水性會變好。很明顯的，奇古堂的茶壺屬於後者。

用這只茶壺沖泡的是重複沖泡也不會變味的台灣烏龍茶。不需另外沖淋熱水，自然沖出的甘甜還能殘存於口舌之間。人的舌頭可以累積味道，所以就算茶味變淡，只要一點點多次飲用，味覺就能得到滿足。

另外，還有經過精心設計，在茶冷卻之後還能保有茶香的極薄聞香杯，以及方便攜帶的竹盒容器等。

從徹底追求「實用之美」和「與茶的投合」的道具之中，便可窺見沈先生的哲學。

一整套竹製的攜帶用茶具收納盒及茶壺、茶杯、茶海。

20世紀台灣製的新茶

20世紀末，台灣完成了輝煌的技術發展，
三種經由品種改良以及突變而來的新茶，
不但喝起來順口，價格也很平實。

翠玉茶

cui yu cha

產地：台灣北部、中部

使用鍛燒的茶壺，以熱水沖泡30秒～1分鐘

不讓人感到甜味的醒神花香。就如同它的名稱一般，這是一個輕度發酵、茶水顏色清翠的茶。在日本則被介紹為「綠色烏龍茶」。這雖然是在台灣改良成功的茶，但是相關人士表示：「這種茶的香氣、味道等每一季都容易起變化，是個暴走品種，但這也正是它趣味盎然的地方。」喉韻也是相當清新爽口，可以用作白天提神的飲品。

四季春茶

si ji chun cha

產地：台灣北部、中部

使用鍛燒的茶壺，以熱水沖泡30秒～1分鐘。

顧名思義，這是可以讓人一整年都喝到像春茶一樣芳香的茶。這種茶不但有著梔子花般的香氣，後韻甘甜，口中還會留有清新的口感。建議可以在工作疲累時做為提振精神的飲料。這並不是經由改良而來的品種，而是茶園中突然出現的突變種。由於栽種容易、味道香醇，所以很快就成了大家喜愛的烏龍茶。價格也很平實，專賣店的售價大約五十公克一千日圓左右。

金萱茶

jin xuan cha

產地：台灣北部、中部

使用鍛燒的茶壺，以熱水沖泡30秒～1分鐘

這是最近日本女性相當喜歡的一種茶。由於栽種容易，所以台灣各地的產量都不斷在增加。現在就連日本店鋪裡也看得到許多金萱茶。它的特徵就在於既像牛奶又像奶油、甜甜的獨特奶香，所以也有人以「奶香茶」的名稱作賣點販售。還有的茶葉添加了香草精，也搭了金萱茶受歡迎的順風車，在市場上販售。不過，如果可以的話，當然是要享受不加工、自然的香氣。

【行政院茶葉改良場】

設在台北市郊外，位於桃園的行政院茶葉改良場，可以說是支撐台灣二十世紀後半茶業發展的場所之一。改良場裡面種有台灣現有的所有品種，研究範圍相當多元，不侷限於品種方面，就連茶的成分，以及對健康的功效等都有所涉獵。而且研究區域也不只有台灣和中國，對於美國、日本、太平洋諸島等地的茶和土壤、氣候等自然條件的適合性，也都有所研究。最近也有些日本學生、茶業相關人員及學習台灣茶的人士到訪。想前往參觀的遊客請事先聯絡。

●桃園縣楊梅鎮埔心中興路324號

電話：03－482－2059（台灣）

2000公尺的高山孕育的頂級茗香

台灣傲視全球的高山茶，指的是在標高一千公尺以上的茶園採收的茶。不過最高品質的則是指在兩千公尺等級的高山上採收的茶。茶的名稱通常是直接冠上該座山的名字。

梨山茶

li shan cha

產地：台灣南投縣竹山

使用鍛燒的茶壺，以熱水沖泡30秒～1分鐘。

梨山茶是在標高兩千公尺以上的高山上採收的高級高山茶，將摘採的一心二葉到四葉的茶葉，揉成直徑數公釐的球狀。特別是五～七月採收的春茶，和十～十一採收的冬茶，香氣、味道都佳的話，價格也就水漲船高。發酵程度低，帶著淡淡的花香，甘醇的甜味穩穩的殘存在舌尖，後味清爽。由於喝起來很順口，所以也就成了這幾年台灣茶藝館內年輕朋友喜愛的高山茶。

阿里山茶

e li shan cha

產地：台灣中部阿里山周邊

使用鍛燒的茶壺，以熱水沖泡30秒～1分鐘。

阿里山茶早就是台灣高山茶的代名詞。雖然台灣中部的高山、阿里山一帶，從以前就是盛行栽種茶樹的地區，但是近年來由於能在更高的山區栽種，所以現在日本也可以經常看到台灣高山茶。產量雖大，但由於所栽種的茶種相當繁雜，同樣都是阿里山高山茶，特色、價格卻是千差萬別。就整體的特徵而言，阿里山高山茶有著通透的甘醇和明顯的清香。

杉林溪茶

shan lin xi

產地：台灣南投縣竹山

使用朱泥或紫砂的茶壺，以熱水沖泡30秒～1分鐘。

採收自標高一千六百公尺級的竹山嶺的茶。雖然這樣的標高在高山茶當中並不算是最高的，但由於茶園位於坡度很大的斜坡面，所以是屬於產量稀少的高價茶葉。由於坡度大的斜坡正好適合種植富含氨基酸的茶葉，因此這裡所生產的茶不但香氣柔和，鮮嫩深沉的甜味更是持久。從五月下旬開始，每年可以採收四次。是最貴的春茶。

大禹嶺茶

da yu ling

產地：台灣花蓮縣大禹嶺

使用鍛燒的茶壺，以熱水沖泡30秒～1分鐘。

花香味濃烈又帶著淡淡的柑橘類香氣，是一種令人印象深刻的茶。有著甘醇的甜味，隨後而來的是清新的後味。大禹嶺茶之所以彌足珍貴，是因為它用的是栽種於梨山南邊緊鄰的大禹嶺標高兩千六百公尺的山區、一年只能採收兩次的茶葉。所以又被形容為「高山茶的最高峰」，春茶的價格更是高不可攀。聽說就算在台灣，大禹嶺茶也是相當難取得的珍品茶。

台灣是茶的仙境

從成田機場出發只要三個小時、從沖繩出發則要一個小時就能抵達的鄰近國度—台灣。不但東西好吃，又能輕鬆的享受按摩、美容護膚，現在已經是女性熱門的旅遊地點。最近幾年除了享受這些樂趣之外，又多了許多希望能到當地喝道地好茶的女性。在一些熱門的茶藝館裡，經常可以看到手拿聞香杯，正在享受美好品茗時光的日本女性。

在此推薦一些台灣的飲茶景點供大家參考。如果想要了解台灣茶的歷史，可以先到台北近郊的坪林茶業博物館；如果想到茶藝館享受悠閒的時光，則推薦台北茶藝館的開拓者—「紫藤廬」。這裡是戰前的舊民宅改裝的，配合建築物的古趣盎然，建議可以來一壺古風淳樸的木柵鐵觀音。想買茶的話則不妨到混雜在骨董街之中的「沁園」。這家店對台灣茶也相當考究，用烏龍茶浸泡製作而成的茶梅更是絕品。另外福華飯店的地下一樓也有奇古堂。

此外，因為電視廣告而打響名號，令人發思古之幽情的茶藝館是台中的「無為草堂」。以這裡為根據地，將觸角延伸到凍頂烏龍茶的產地—南投縣，也是愛茶人士所無法抗拒的魅力行程。

摩登而氣氛恬靜的茶藝館

喝台灣烏龍就該喝木柵鐵觀音或東方美人、高山茶

Java& Malay

啟航於中國「茶路」的各色茶—爪哇與馬來

混合了花及柑橘香氣的爪哇紅茶與濃甜的馬來西亞拉茶

印尼的爪哇、蘇門達臘實際上是比印度更為古老的紅茶產地。包夾著麻六甲海峽的馬來半島也生產品質優良的紅茶。爪哇茶清透的水色相當新鮮，又有華麗的香氣，但卻一點澀味都沒有。

雖然這種茶很適合不加糖、不加牛奶直接飲用，但是嘗試一下當地的特殊喝法也相當有趣。在爪哇，店家端出來的往往是一個大玻璃杯，裡面裝著熱騰騰的紅茶。為了防止在炎熱的天氣中體力過度消耗，茶中往往都會加很多糖，有些地方甚至還會隨茶送上萊姆。

有一次我在爪哇的某家飯店，一早走到庭院裡，發現那裡開滿了茉莉花，當時我差點被濃濃的花香薰得喘不過氣來。那天午餐的時候，服務生送上了一壺摻和了滿滿的新鮮茉莉花的甜爪哇茶，真是意想不到的好喝。

馬來半島中部的金馬崙高原上，有從英國殖民地時代延續至今的茶園。其中最有名的品牌，就是在日本也有許多忠實顧客的BOH TEA。馬來的紅茶喝法當然是「拉茶」這種濃濃甜甜的奶茶；這是茶店裡一定有的單品。把煉乳加到比平常濃兩倍的紅茶裡面，然後搖晃、攪拌到發泡就完成了。

＊馬來風的拉茶

馬來西亞茶店裡的既定飲品—拉茶。在濃濃的紅茶中加入甜煉乳，然後把杯子舉得高高的，倒進另一個杯子攪拌打泡。也有再加生薑的生薑拉茶；一種好像可以讓人精神振奮的茶。

*爪哇、馬來西亞紅茶的茶葉

馬來西亞的煉乳紅茶大多是用全葉茶，口味溫和。爪哇紅茶的最高級品MALABAR含有被白毫包覆的芽，所以有著類似大吉嶺的華麗香氣。

Vietnam

啟航於中國「茶路」的各色茶——越南

餐後來一杯加了很多香草充滿異國風味的花香茶

健康料理的形象強烈的越南，也是一個常常喝茶的國家。這雖然是受到了中國的影響，但他們自古以來就在中國所產的綠茶及發酵茶之中添加花香，例如蓮花及百合花等等。除了吸附有別於中國花茶的花香之外，當地人也常飲用苦瓜及朝鮮薊等代用茶。

在這些茶當中，最普遍的是蓮茶。茶本身有著不可思議的香氣。有在綠茶之中加入蓮花香味，或是把日晒後的綠茶混合蓮葉、以及只把蓮葉乾燥後製成的代用茶這三種。

由於一般認為蓮有排除體內燥熱，以及調節自律神經的功效，所以在高溫多溼的國家才會有這種茶吧。

最近幾年，越南茶因為接受外國資本及外國技術合作，而持續發展。原本越南山區就很適合栽種茶樹，南北統一之後的經濟開放政策，更帶來了莫大的影響。例如，在台灣製茶相關人員的指導下生產紅茶、烏龍茶，以及在日本的製茶技術指導、資本參與下生產綠茶。而且不只產量，在品質方面、多樣性方面也都在持續進步。

＊蓮茶

現在在日本也買得到的越南蓮茶。照片中是綠茶加上弄成細條狀的蓮葉。沖泡時可以泡濃一點，然後加上很多冰塊作成冰茶來喝，相當爽口好喝。

【越南咖啡】

談到越南的飲茶風情，不能遺漏的就是咖啡。由於受到法國殖民地時期的影響，在越南的都會區到處都有咖啡廳。咖啡的泡法是把法國式深炒、細磨的咖啡粉放入越南式的鋁製濾杯中沖泡。同樣的，加了煉乳的口味在這裡很受歡迎。

West Asia

啟航於中國「茶路」的各色茶—西亞

在吹過沙漠的熱風中守護身體 帶來潤澤的薄荷綜合茶

十年前左右，我在埃及旅遊時，看到土產店前聚集了許多男士，他們一邊喝茶一邊打牌。當我和那些人的視線相接，他們便用玻璃杯倒了一杯茶給我，口裡說著「HERBE」叫我喝。我喝了一口後發現，這是一種含有砂糖的甜味、綠茶的澀味以及強烈薄荷香氣、刺激性很強的茶。所謂的「HERBE」是阿拉伯語，是帶有香草的意思。

從那之後我才知道，在西亞、中東這一帶廣大的區域，都經常飲用這一類的薄荷茶。

這種茶的作法是把中國產的綠茶茶葉放入煮沸的水中，等煮出味道之後，加入砂糖和薄荷然後再悶一下。

這種薄荷茶常用的茶葉是苦澀的平水珠茶，大多是用龍井等浙江省產製的。由於茶被製成黑色圓球狀，所以又稱為「鋼砲彈」，自古就輸出到世界各地，是在全亞洲、歐洲、中東都享有盛名的茶。

西亞地區也經常飲用紅茶。在土耳其一般是飲用類似於印度，用牛奶煮的印度茶。較奇特的是，就連把紅茶弄硬後發酵的雲南省生產的茶，也是放到茶壺裡煮甜飲用。

＊平水珠茶

浙江省平水生產，大多用來出口的綠茶。有時單稱珠茶。烘培到會散發出黑光的程度，再揉捻成像鋼砲彈一般紮實，有著相當強烈的澀味和苦味。顏色偏綠，揉捻程度較鬆散的則加工製成茉莉花茶。

【中東風格的花草茶】

大量的砂糖、重重的薄荷就是它的特徵。在日本炎熱的夏天裡，餐後來一杯熱呼呼的這種茶，聽說可以幫助內臟律動。這種茶要好喝的訣竅是，使用澀味較強的綠茶茶葉來煮。

Korea

啟航於中國「茶路」的各色茶—韓國

飲用穀物及果實的精華 韓國傳統的溫和健康飲料

韓國自古以來大多是在禪寺內種植茶樹、製作綠茶，因為受到儒教的影響，並沒有普及到一般大眾。

現在韓國日常生活中最常飲用的，是把玉米烘培之後煮出來的玉米茶；聽說很利尿。這種比麥茶更為香甜的玉米茶，很適合搭配用了許多辣椒和大蒜、刺激性強的韓國料理。

除了玉米茶之外，一般統稱為傳統茶的，是把果實煮透後萃取的精華溶解在熱水中的飲料。像柚子及五味子的萃取都有玻璃瓶裝的販賣品，只要溶解在熱水中就能輕鬆飲用。所謂的五味子是指混合了酸、甜、苦、辣、鹹的一種韓國傳統果實，有點像可樂般酸酸甜甜的複雜味道，對喉嚨很好。感覺快感冒的時候，可以加薑飲用，聽說效果還不錯。

過去不太喝綠茶的韓國，這幾年在年輕女性之間，也開始掀起了愛茶的風潮。可能是健康和美容效果常常被拿來宣傳的關係，綠茶尤其受歡迎。漢城市區也開始出現許多時髦的茶房，可以喝到日本綠茶等等。

在日本的韓國食材專門店，除了販售使用果實萃取的傳統茶之外，也販賣韓國產的綠茶。

＊玉米茶

玉米茶也常常出現在日本的韓國料理店餐桌上。韓國食材店通常以一袋五百日圓左右的價格販售，可以買來試一試。就算煮久了，茶水的顏色還是淡淡的，也不會有苦味。

＊柚子茶、五味茶

兩種都是以果醬的型態販賣。由於柚子茶的甜度相當高，所以建議加薑絲、以熱水沖泡後比較好入口。五味茶裡也可以加入切成薄片的棗子等一起飲用，對健康更好。

盡享茶葉的美味
享受茶葉料理

建築物的二樓是活動廣場，隨時都會舉辦各種不同的活動，是到老街散步時值得繞過去看看的店，所以出門前不妨先確認一下活動內容。

不管是在台灣的木柵，還是中國浙江省杭州的茶館，都能吃到用茶葉做成的料理。這些用了許多巧思安排出來的菜色包括：把茶葉拿來油炸的炸茶葉，跟飯一起煮的茶葉飯，和蝦子一起炒的茶葉蝦等等。

最近在日本的中華料理店裡也可以看得到這一類的茶葉料理。這裡所要向各位介紹的是，位於東京都內東上野的「櫻」的茶葉料理。這家店改裝自留存於這個保有老街風情區域裡的古厝民宅，可稱得上是足以讓人忘了時間的都會私密空間。在這裡可以享受到舊時的鐵鍋煮出來的飯和雞及魚等主菜、豐富的醬菜，及料多味美的味噌湯等，以及對身體有益的日本料理和台灣茶。

這裡的茶葉料理套餐不但菜色豐富，在味道上也作了日式口味的調整，所以吃起來很順口。現在，原本只在限定時間內預約才能吃得到的菜色，例如主菜的烏龍茶烤雞，都已經列在平常的菜單上，平時都可以吃到。

餐後，和鐵觀音果凍以及用茉莉花茶做的甜點一起端上來的是台灣茶；不愧是以茶藝館起家的店，高山茶的種類相當充實。可悠悠哉哉的回沖飲用。

①

②

③

④

樗的茶葉料理（茶餐）全部有七道，每道都附有原創茶罐並附上品名。三千五百日圓。

上面的照片是①前菜：茶葉佃燒、普洱玫瑰花茶做的無花果醬蒸豬肉、用龍井茶作的茶碗蒸、炸茶葉和蔬菜沙拉。②主菜：烏龍茶烤雞肉。雞肉用烏龍茶醃過，皮烤得脆脆的，裡面都是肉汁。③文山包種茶泡飯—把鐵鍋煮的飯做成烤飯糰。④甜點：鐵觀音果凍和茉莉花茶作的甜點（沖繩銘果）。

套餐只接受預約，茶葉料理會不定期刊登在菜單上。菜單內容會依季節替換，所以用餐前最好先打電話或上網查詢。（請見一四六頁）

中國茶、台灣茶的美味沖泡法

茶的種類	水溫	沖泡時間	茶具
所有綠茶、白茶、黃茶	80～90℃	3～5分鐘	玻璃器、磁器
霍山黃芽、壽眉、平水珠茶	90～100℃	1分鐘	磁器
所有烏龍茶	100℃	30秒～1分鐘	鍛燒的茶壺、蓋碗
文山包種茶、東方美人	90℃左右	1分鐘以上	磁器、鍛燒的茶壺
岩茶	100℃	40秒～1分鐘	蓋碗、鍛燒的茶壺
紅茶	90～100℃	1分鐘	磁器、鍛燒的茶壺
祁門紅茶	90～100℃	1分鐘30秒	磁器、鍛燒的茶壺
普洱茶	100℃	1分鐘（第一泡洗茶）	鍛燒的茶壺
茉莉花茶（綠茶底）	90℃	30秒～1分鐘	玻璃器、磁器

什麼時候泡什麼茶？

這種時候	泡這種茶
讓美好的早晨更清新	綠茶
在工作時提振精神	綠茶、低發酵的烏龍茶
用餐時飲用	烏龍茶、普洱茶
餐後清新口氣	烏龍茶、茉莉花茶
吃點心時的配茶	發酵度高的烏龍茶、紅茶
放鬆心情	茉莉花茶、花茶
調整腸胃	普洱茶（濃茶不可喝太多）
酒喝多了	鐵觀音
暖和身體	紅茶（嚴重發寒時可添加生薑飲用）
念書時想靜下心、集中精神	白茶、綠茶
預防感冒及鼻炎	綠茶、低發酵的烏龍茶、菊花茶

冰茶與調茶

更進一步享受中國茶、台灣茶

為了享受中國茶和台灣茶的香氣，高溫通常是一個重要的前提。話雖如此，但是在炎炎夏日裡來一杯冰涼的茶，或是偶爾來個雞尾酒式的調茶也不錯。不過，並不是每一種茶都適合冰涼飲用。這裡首先要說明的就是適合製成冰茶的茶種。

首先要推薦文山包種茶、凍頂烏龍茶等台灣茶。由於這些茶是屬於低發酵，澀味適當，所以就算是冰冰的也很夠味。中國紅茶也是，只要夠冰的話，直接喝就很好喝。比較意外的是，屬於白茶的壽眉冰涼飲用也很好喝，而茉莉花茶也可以在享受花香的同時，享受好味道。

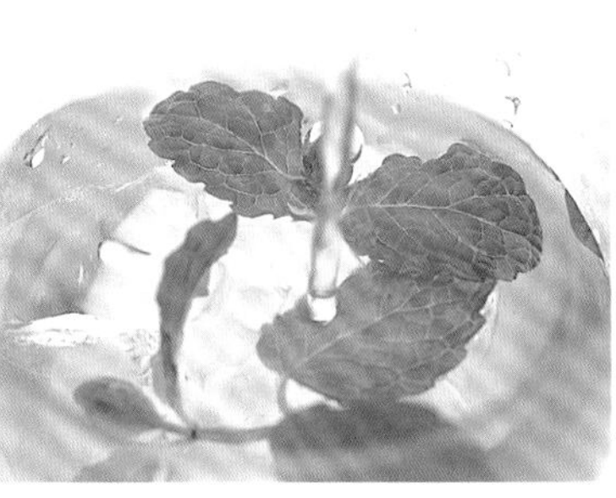

在濃濃的綠茶中加入薄荷也很有情趣。

【三種冰茶的沖泡法】

①熱水沖泡法

適用於紅茶和烏龍茶。沖泡方式和平常泡熱茶一樣，只是浸泡的時間要稍長一點，讓茶水比平常濃一倍以上，然後再直接慢慢倒入裝有冰塊的杯子裡。

②熱水沖泡法2

適用於綠茶底的茉莉花茶等。和①相同，用熱水沖茶，加長浸泡時間、茶泡濃一點，然後直接裝在瓶子裡放入冰箱冷藏。

③熱水沖泡＋冷水法

適用於文山包種、壽眉等茶。把熱開水沖到裝滿茶葉的容器裡，熱水的量大約就是淹蓋過茶葉即可。放置五分鐘左右，茶葉的味道和香氣都釋放出來之後，適量加入軟水系的礦泉水。最後連同茶葉一起放到冰箱冷藏。

※文山包種等茶也可以用冷水浸泡一個晚上，讓它自然出味。不過因為我本身是「熱水派」的，所以不推薦。

泡一壺好茶

茶要用熱開水來沖泡，所以水質的好壞會左右茶的味道。特別是綠茶、高山茶等茶類，水的味道會直接反應到茶味上。

有關泡茶時的用水，唐代茶聖陸羽在《茶經》一書中就有以下的敘述：「其水，用山水上，江水次，井水下。其山水揀乳泉石池漫流者上」。也就是說，最上等的是山上岩縫之間湧出的水，接著是河水，而像地下水這種水算是最差的。另外在岩石凹穴間緩緩流動的水則特別優良。

由於我們很難拿岩縫清泉來泡茶，所以只有從成分上來選擇適合的水。首先應該注意的就是礦物質類的成分。首要條件是必須是軟水；日本的水幾乎都是軟水，所以國產的礦泉水符合這個條件。據說最佳的水質硬度是在五左右，或是五以下，也就是一千毫升的水之中，含有五十毫克礦物質的水最好。另外中性到弱鹼性的水也能泡出好喝的茶。

＊礦泉水

日本國產的礦泉水以外的第二選擇是加拿大的冰河水，這種水的硬度相當的低，大約在二左右，非常適合泡茶，泡出來的茶湯平滑順口。最近發現不錯的品牌叫做「Ice Field」。

洽詢：NGW JAPAN

電話：03—5390—1212

第3章

進一步享受
中國茶・台灣茶的
基礎知識

〔美味品賞中國茶的茶具〕

茶壺

薄薄地鍛燒而成
大小適中
順手好用

＊平衡比造型更重要
能以單手包覆掌握的尺寸就算順手好用，不過，平衡也非常重要。如下圖所示，壺嘴、壺蓋下緣、壺把上緣必須成一直線，茶壺的重心才會穩固。

在中國茶、台灣茶的茶具當中，有一種茶壺幾乎人人都會想要擁有，那就是最初由江蘇宜興製造出來的素燒陶器。將含鐵的泥料以轉盤或模型捏製成型風乾之後，不施釉藥經高溫鍛燒製成。目前台灣亦有許多專門燒製茶壺的窯及作家，優質品相當多。

茶壺的挑選重點有三項，就是順手好用、斷水明快、與茶性相符。第一項順手好用，指的是能夠以單手自在使用的大小和重量。初次購買最好選擇樸實無華的簡單款式。如果壺嘴、壺蓋開口處、以及把手上部能連成一直線的話，就表示這是一只容易使用的壺。第二項斷水，務必請店家測試一下。一只經過仔細鍛燒的茶壺應該擁有細緻的表面紋理，出水也要有如彈出般的剛勁流暢。第三項則是考量茶葉的體積份量。如岩茶般體積較大的茶葉，最好選用開口寬廣的茶壺；如果是高山茶之類、葉片會伸展膨脹的茶葉，則適用壺身較高的茶壺。

宜興黃泥茶壺
壺底有腳的造型。在新加坡的中國城買來的。形狀小巧卻擁有寬廣的開口，對於置入文山包種茶或岩茶等非常方便。約六千五百日圓。

宜興朱泥茶壺
以朱泥燒製的茶壺。這是宜興作家在八〇年代燒製的作品。單孔設計（內側出水口只開啟一孔），造型亦承襲古典風古格。當地售價為一萬日圓。

台灣製茶壺
於台北郊外的陶瓷鎮鶯歌偶然邂逅的茶壺。由於愛上經店主長期使用過的質感，所以特別情商割愛。名家作品，特別價五千五百日圓。

宜興紫砂茶壺
這是在岩茶的故鄉武夷山買到的茶壺。開口寬廣，對於置入岩茶相當便利。體積雖然偏大，但因壺壁很薄而意外輕巧好用。在武夷山的茶藝館售價五千日圓。

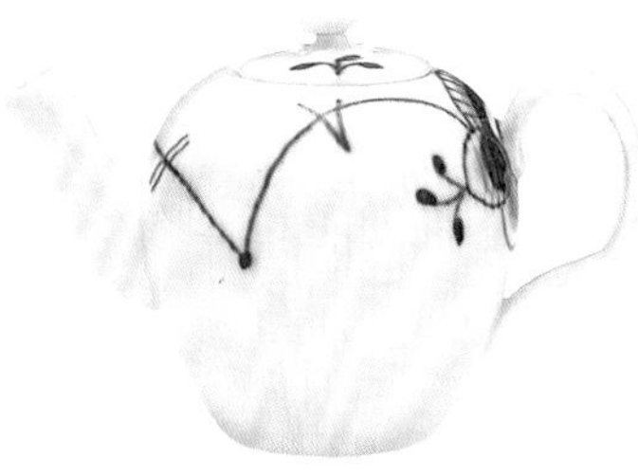

WEDGEWOOD MEGA系列
近年來，歐洲的瓷器品牌也開始有適合中國茶及台灣茶的茶具登場。MEGA系列體積小巧，適合沖泡東方美人及中國紅茶。茶壺一萬四千圓、茶杯一個六千日圓（請見一〇一頁照片）

＊朱泥・紫砂・黃泥・黑泥

宜興茶壺所使用原料是一種帶有朱、紫、黃、黑等四種顏色砂石的陶土。其中以朱泥和紫砂最多，而黃泥又稱為梨泥。近來亦有在素材中加入顏料混合的彩色茶壺，以及表面看起來光滑細緻的茶壺，但這類茶壺僅止於觀賞之用。

※這裡刊登的茶具價格可能有所變動。

（美味品賞中國茶的茶具）

蓋碗

本身是份量足夠的茶杯　同時還能代替茶壺使用

＊蓋碗的花樣

蓋碗是一種華麗的茶具，有許多豔麗的圖案變化。桃子和蝙蝠在中國是含有吉祥寓意的組合，不妨搭配場合善加利用。

以食指壓住杯蓋，一面滑動一面傾注茶水。習慣了之後其實相當容易。

在香港第一次邂逅蓋碗實物，並在狂喜的衝動下大肆購買是十多年前的事情。從那之後，雖然又收集了許多圖案及形狀各不相同的蓋碗，但是平常卻幾乎不太使用。直到後來，當我前往台灣及中國各地產茶地區的時候，看到茶商、茶農那些茶之專家，若無其事、熟練地以蓋碗試飲茶水的樣子，終於明白：「不能把它當成裝飾品來看待」，而開始使用。

習慣之後，才發覺這真是一項便利無比的工具。工作的時候，放進茶葉、注入開水、蓋上蓋子，然後撥開茶葉飲用。只需一副蓋碗就能解決一切，既輕鬆又方便。和別人共飲的時候，也只需算好沖泡的時間，滑開蓋子像茶壺般分別注入茶杯裡即可。

蓋碗的挑選重點在於蓋子滑動的流暢度，以及適合自己手形的尺寸大小。除此之外，也建議選擇蓋子弧度較大者，因為這樣不只容易留住香氣，在代替茶壺分倒茶水之時也比較容易操作。

白磁桃蝙蝠紋蓋碗

富有吉祥寓意的圖案組合。這種圖樣豔麗質感又佳的磁器，價格其實頗為合理，且材質輕盈容易使用。

白磁金魚紋蓋碗

在眾多的藍釉花紋磁器當中，紅色圖紋的磁器顯得格外新鮮。選擇可愛的圖案會使整體印象更加時髦。

白磁鬥彩龍紋蓋碗

白磁上紋上龍的圖案然後再上釉的蓋碗。邊緣薄、白磁是通透的白為上等品。

金黃蓋碗

在中國的皇朝，向來只有皇帝才能穿戴使用的禁色—黃色的蓋碗。色彩鮮豔，在餐桌上很好搭配。

白磁藤花蓋碗

以花為主題、尺寸小巧的可愛蓋碗。與茶杯成套使用，在宴客的午茶時間肯定大受好評。

＊蓋碗的選購方法

務必先以單手持杯試著操作看看再購買。女性的手通常不容易操作大型蓋碗，這點最好多加留意。還要實際滑動測試蓋子的平衡度後再做決定。這裡刊登的商品皆由華泰茶莊澀谷店提供。

〔美味品賞中國茶的茶具〕

茶杯

足以改變茶之香氣與味道茶杯的力量

深藍色質地厚實的聞香杯組。聞香杯短小圓潤的造型相當罕見，剛好能倒扣在飲杯中收納，相當便利。台灣製。

聞香杯

為了充分鑑賞烏龍茶的馥郁香氣，而由台灣開發出來的聞香杯。在高度不一兩只一套的杯組當中，較高的為聞香杯，這是專門用來嗅取香氣的杯子。首先從茶海將茶水注入聞香杯中，接著再倒入高度較低的杯子裡，然後把空的聞香杯湊近鼻尖嗅取香氣。這是掌握了香氣會隨著蒸發過程而提升的性質，所做出來的偉大發明。

桃與蝙蝠的聞香杯組。與前頁左上圖的蓋碗為同一系列。一組一千日圓（華泰茶莊澀谷店）

青白磁聞香杯組。這是標準的聞香杯組，非常適合初學茶道者使用。一組一千日圓（華泰茶莊澀谷店）

青花蓮花圖案的聞香杯組。能夠美麗地映照出烏龍茶的色澤。聞香杯仿造瓶子的形狀，使香氣不容易逸失。

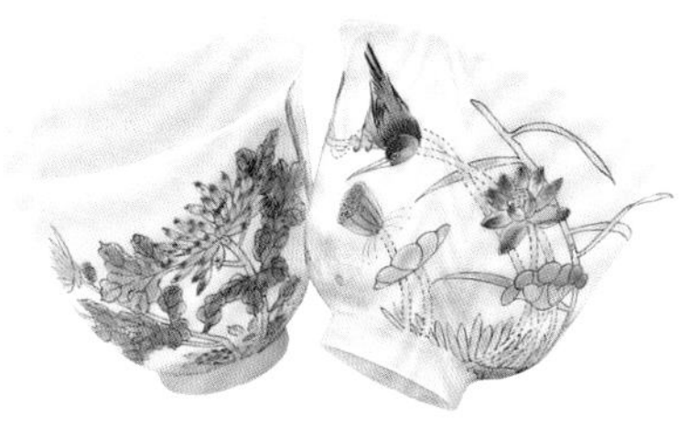

鬥彩花鳥紋茶杯。繪有蓮、菊、梅等季節花朵之茶杯組。依季節及氣氛共有十二種圖案可供選擇。

青花茶杯。不限茶種皆可使用之便利茶杯。童子圖案為台灣製，右邊的則是在上海購得之物。

飲杯

不管是中國茶或台灣茶，即使是日本茶、咖啡也一樣，以好的器皿盛裝飲用的話，味道也彷彿更上一層。以香氣變化著稱的中國茶、台灣茶，最適合的器皿當然是磁器。杯口薄而向外展開的造型最能留住香氣，讓茶水品嚐起來更加美味。若要使用日本茶的茶杯或歐洲磁器的話，為了讓香氣更容易傳到鼻尖，最好選擇杯口較窄的。

附濾網、杯蓋的茶杯。以豔麗牡丹花與鳥的大型構圖點綴。雖然不是蓋碗而是單獨的飲杯，但附有濾網，還是能夠輕鬆品茗。

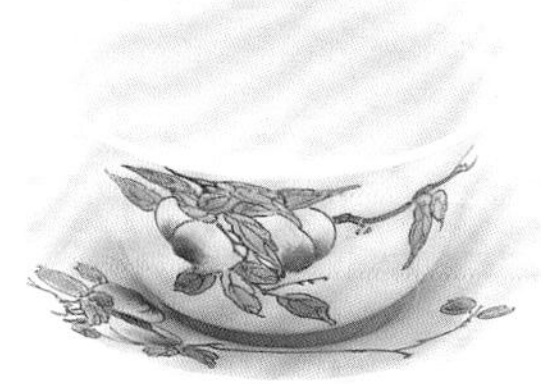

桃紋飲杯。與茶托搭配成套的桃子圖案飲杯。圖案為手工繪製，獨具風情。

※這裡刊登的茶具價格可能有所變動。

〔美味品賞中國茶的茶具〕

配角 小道具

搭配茶壺或蓋碗使用 讓茶水更加美味

＊茶則・茶巾

即使一個人喝茶的時候，也經常會使用到這兩件小道具。將茶葉從茶罐取出時所使用的茶則，亦有用黑檀等材質製成之劇形商品。此處為竹製品。

在此介紹一些在工作時喝茶雖然不需要用到，但悠閒休憩的時候，或呼朋喚友一起喝茶時可能用到的小道具。少了這些道具雖然不至於無法泡茶，但是有了它們，似乎便能大大提升茶的風味和氣氛。

這些小道具包括：小心盛放茶葉的茶則、可隨時備妥沸水的煮水壺、將泡好的茶水分給眾人時所使用的茶海，以及可以在上面泡茶、承接溢出茶水的茶盤等等。

在中國茶的專門店裡，陶器、竹製、木製等材質與款式各不相同的道具相當豐富齊全。儘管多少會有機能上的差異，但主要還是以造型性，以及與其他茶具的搭配性來作為選擇考量。

這些小道具同時還扮演著營造氣氛的角色，因此充分的保養是必要的。煮水壺容易有礦物質沈澱附著，木製茶盤容易留下茶垢等等，最好多加留意。

陶製茶盤。排水性雖然不及木製或竹製茶盤，但材質與茶壺相同，搭配起來的感覺相當優雅美觀。

紅木的裝飾雕刻環繞四周，中央呈竹簾狀的茶盤。可將茶壺或蓋碗放在上面泡茶、承接茶水。另有竹製及陶製品。

茶海。公杯。將茶壺或蓋碗所沖泡的茶分倒給眾人之前，先倒進這裡，讓茶水的濃淡均勻一致。

茶荷。用來盛放取出的茶葉。在品茗的茶會上，有時會向出席者展示茶葉，這個時候尤其便利。

濾網。用來濾除茶壺等所沖泡的茶水中，細碎茶葉或粉末。下面的為葫蘆製。

煮水壺。對於需要大量使用熱水的中國茶和台灣茶，這種附酒精爐的煮水壺相當便利。其他也有琺瑯及不鏽鋼材質的水壺。

茶罐

因為是珍貴的茶葉 所以要好好保存

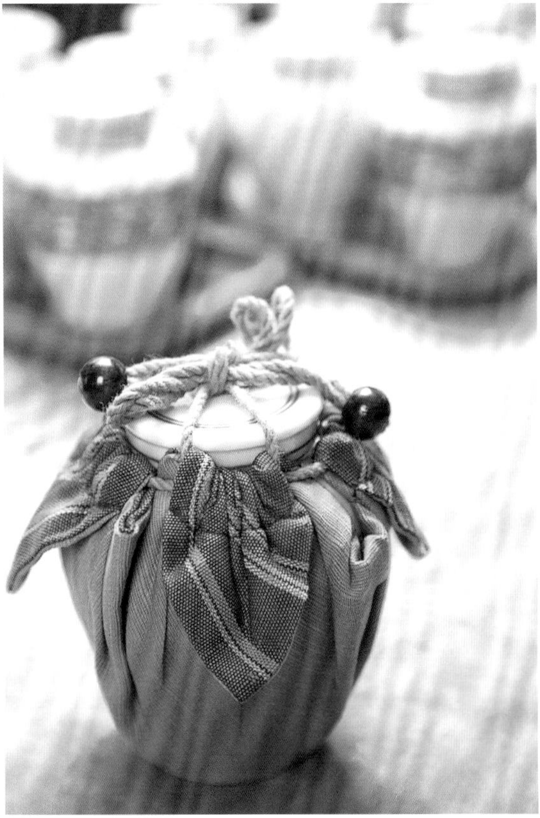

【茶罐的設計】
奇古堂沈先生的茶罐以此面貌登場。宛如日本茶道的茶袋般，讓茶罐格外亮眼醒目。設計性亦無從挑剔。

茶葉該如何保存？這是我經常被問到的問題。首先，大家應該都知道茶葉怕溼氣和光的特性，因此必須選擇具有高度密閉性及遮光性的容器來保存。陶器、金屬等各式各樣的材質都無所謂，但是務必要挑選蓋子能夠緊密關閉，或是附有內蓋的容器。在茶葉的保存、收藏方面，最為細緻脆弱的一種茶就是綠茶。如果讓綠茶接觸到空氣的話，不但很快就會褪色，連香氣也會逐漸消失，所以最好一次少量的小包購買。

就這一點而言，烏龍茶和紅茶就不像綠茶那麼容易劣質化，所以也不需太過在意。只要別讓茶葉直接接觸到空氣和光線，就可以長時間維持香氣不變。唯一不同的是普洱茶；由於密閉保存會妨礙製茶之後緩緩進行的後發酵過程，最好放置在自然狀態下。但須特別注意的是，要避免放置在有其他強烈氣味的環境裡。

白磁彩繪花鳥紋茶罐。風格清新的鬥彩茶罐。具有安定感的造型也別有雅趣。與綠茶或白茶的茶葉非常相稱。六千日圓（華泰茶莊澀谷店）

馬口鐵（錫）製茶罐。ROYAL SELANGOR（皇家雪蘭莪）製。稍微偏重在所難免，不過格調氣氛卻是滿分。密閉性、遮光性都毫無問題。二萬五千日圓。（ROYAL SELANGOR）

青磁茶罐。開口寬廣，用來保存岩茶或文山包種茶之類的茶葉相當方便。與竹製茶則調性很相配。一萬日圓（茶骨禪心）

黑釉茶罐。蓋子周圍鑲了一圈軟木塞，所以密閉性佳，方便好用。與鍛燒的茶壺非常搭配。參考商品（茶骨禪心）

【茶罐內部】

有些不鏽鋼或錫製茶罐的內部會附上內蓋，就密閉性而言實屬最佳選擇。這種容器最適合保存綠茶，可將購買時的鋁箔袋口封緊之後再放進去。烏龍茶之類不易變質的茶葉，則不妨置於陶製的茶罐保存。

※這裡刊登的茶具價格可能有所變動。

自由自在選用喜愛的茶具

個人茶具之挑選、使用法

奇古堂的茶壺、彩繪茶杯及碟子很適合日常品茗使用

想要美味的品嚐中國茶和台灣茶，一定得購買專用的茶具及道具嗎？這也是我經常被問到的問題。答案可以說不是，也可以說是。我曾經再三強調過，美味品茗的大原則就是茶葉與沖泡水溫的搭配性，只要謹守這個原則，就算不使用中國茶的專用茶具也無所謂。不過話說回來，如果喝茶次數頻繁的話，備妥幾種適合茶葉條件、能夠簡單沖出好茶的茶具或道具，還是比較方便。

我在平常工作中所使用的泡茶器具就是上面照片中的這三件。置於書桌角落，把茶壺放在碟子上沖好茶之後，倒入杯中。奇古堂的茶壺為一杯份，而且正好是這個杯子的一杯份量，不多不少，毫無殘餘。不使用茶盤、茶海。

右下方的照片是五年前我在俄羅斯購買的奶精壺。似乎為工廠的流出品，沒有杯子也沒有茶壺，只有大批販售奶精壺和糖罐，所以就買了一組。有時我會以糖罐代替茶

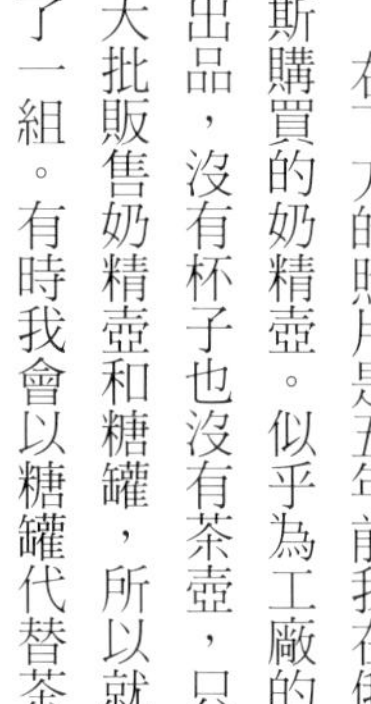

荷，以奶精壺代替茶海。通常是在品嚐台灣的東方美人等茶時，為了營造些許歐洲氣氛而使用。

上面照片中是品嚐綠茶的茶具組。其實玻璃壺是從前為了喝花草茶而買來的。綠茶與散熱性高的玻璃壺或纖細的白色磁器非常搭配，所以歐洲茶具或日本茶具都很適合使用。

有時我也會如同九九頁的照片一樣，把適量的綠茶或文山包種茶的茶葉，直接放入日本的樂茶碗或天目的抹茶茶碗中，注入熱水沖泡。看著茶葉在杯中優雅伸展的模樣，彷彿連茶的精氣都吸收到了，這就是我喜愛的品茗方法。

茶點與茶藝館

【北京的古老茶藝館】在北京市內，在文化大革命之前就已經存在的古書店「三昧書屋」二樓，有一家古老的茶藝館。儘管北京市內近來增加了不少茶藝館，但是在十年前便已存在的卻只有這一家。可以一面靜靜地體驗古典建築物的氣氛，一面品嚐菊花茶等等。據說偶爾還會舉辦音樂會。

品茗的樂趣，有一部分其實是來自於茶點或搭配零食。熱衷品味茶之纖細香味的人，或許覺得不附茶點更好，但我則是依當時的感覺而定，有時吃有時不吃。

在中國或是台灣的茶藝館，點完茶之後，店家通常都會端出好幾種茶點。內容通常是瓜子、梅子或乾果類等等。在茶藝館裡似乎並不習慣食用類似日本「茶菓子」的糕點類。

近年來，台灣的茶藝館出現許多靈感來自於中國清朝時代宮廷點心的高級甜品茶點，這股風潮逆向傳回中國本土之後，中國的茶藝館也開始有道地的點心登場。

另外，茶藝館原本應該是個安靜品茗的場所，和帶有簡單進食含意的飲茶屬於不同業別，不過，最近有許多茶藝館都開始提供簡餐。

傳統的茶點大多為乾果類。右上起順時鐘方向分別為話梅（以砂糖醃漬經乾燥處理的梅子）、陳皮梅（以陳皮等中藥材醃漬過的梅子）、茶梅（加進烏龍茶醃漬入味的甘甜梅子）、南瓜子、南瓜子仁。

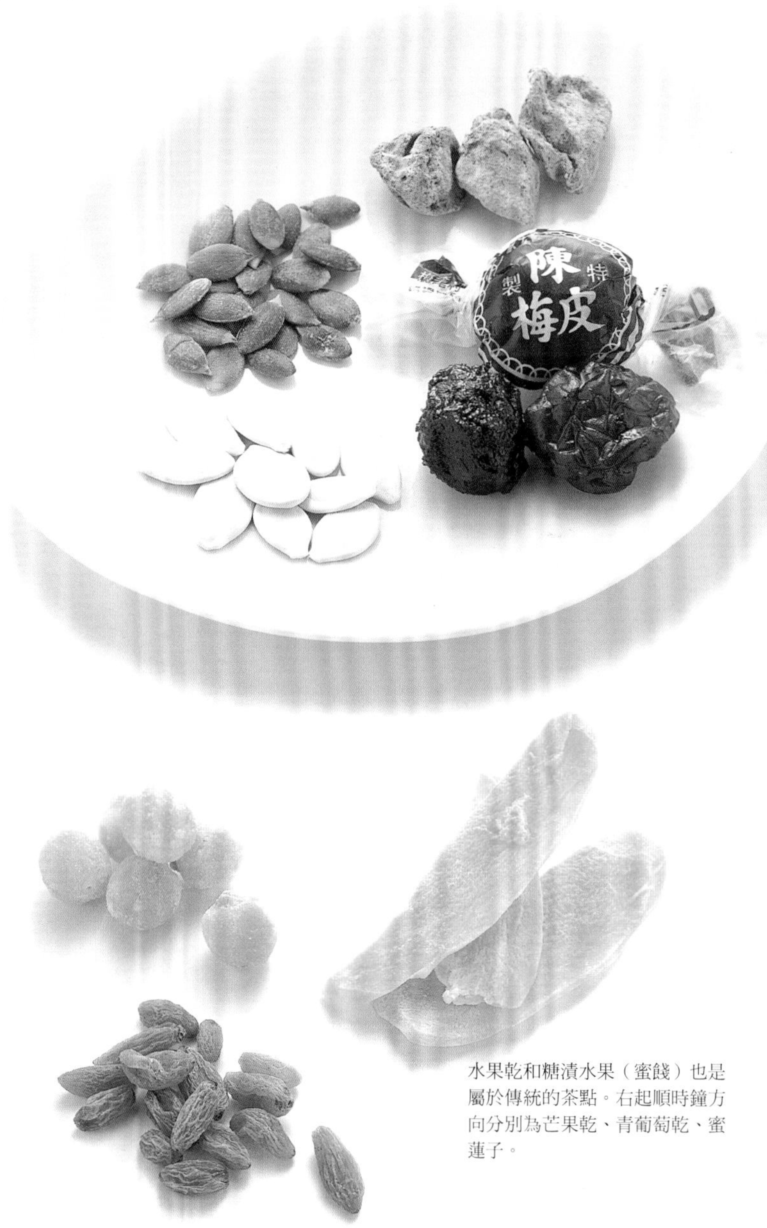

水果乾和糖漬水果（蜜餞）也是屬於傳統的茶點。右起順時鐘方向分別為芒果乾、青葡萄乾、蜜蓮子。

茶點與茶藝館

【北京的古老茶藝館2】
大約十年前，我在北京造訪過的一家古老茶藝館。這是一個可以一邊吃著花生、瓜子或其他點心，一邊欣賞戲劇歌曲等「表演」的地方。雖然在氣氛上並不適合靜靜享受品茗樂趣，不過像這樣的場所，據說自古以來就已存在。贈送的茶品均為明前茶。

以下列舉的都是台灣茶藝館受歡迎的人氣點心。左頁上方的綠豆糕是利用黃豆泥壓製成型的點心，有黃色和白色兩種。除此之外，如落雁（日式糕餅）般以花生粉製成的酥點、以甜味肉末為內餡的包子狀點心、夾有鳳梨等果肉的派點，以及採用椰子為原料的甜點，都相當受歡迎。

重點是，這些點心和主角—茶到底相不相配呢？瓜子、話梅之類的茶點不論搭配哪一種茶，都不會影響到茶的味道及香氣。唯獨具有強烈中藥材風味的陳皮梅會在舌頭上殘留氣味，最好稍加留意。水果乾及甜味糕點並不適合味道清淡的綠茶、白茶以及香味纖細的高山茶，還是搭配濃厚的發酵茶比較好。

各種甜點都想嚐嚐看的時候，不妨以普洱茶、紅茶或重度發酵的烏龍茶，來搭配甜度較高的點心類。若問哪種茶最能帶來清爽的口感，當然就是普洱茶了。

花生酥。以花生粉製成、類似落雁（日本糕點）的點心。和烏龍茶的風味非常相襯。搭配綠茶也毫不突兀。

綠豆糕。將黃豆泥上色後壓成塊狀的糕點。也有的以綠豆為原料。甜度頗高，風味就像是日式和菓子一樣，很容易與各種茶搭配。

使用大量雞蛋製成的中華風海綿蛋糕。中間採用顏色不同的麵糰，但味道完全一樣。特別降低甜度及脂肪含量，所以相當清爽，最適合搭配紅茶。

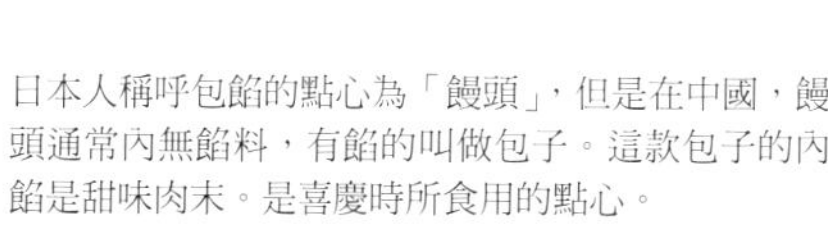

日本人稱呼包餡的點心為「饅頭」，但是在中國，饅頭通常內無餡料，有餡的叫做包子。這款包子的內餡是甜味肉末。是喜慶時所食用的點心。

品嚐、購買中國茶和台灣茶的商店及沙龍

竹裏館

台灣名店在麻布十番的分店

台灣的竹裏館是日本藝人渡邊滿里奈高度推崇的一家茶藝館兼專門店。它在日本的分店就開設於麻布十番。深度烘培的台灣烏龍茶和普洱茶物美價廉、應有盡有。茶具方面，各種「初學者易買易用」的用具也相當齊全。除此之外，日本店的店長佐藤拿手的獨家糕點，非常能襯托出茶的風味。

地址：東京都港區麻布十番1－5－18／電話：03－5412－8280／營業時間：11點～21點（無休）

華泰茶莊澀谷店

中國茶、台灣茶種類齊全

店主為本書四六頁登場的林聖泰先生。這是台灣的「林華泰茶行」第五代老闆在日本經營的專門店；台灣的林華泰茶行是擁有一百五十年以上，悠久歷史的老字號茶葉批發商。不只是台灣茶，就連大陸茶品的齊全程度也是國內數一數二。茶莊經常舉辦各種與中國茶相關的講習會，在中國茶、台灣茶的推廣活動當中占有先驅的地位。

地址：東京都澀谷區道玄坂1－18－6／電話：03－5728－2551／營業時間：10點30分～20點（無休）

【購買茶葉】購買茶葉的時候，記得一定要試喝看看。尤其是第一次買茶時，最好一次少量購買。如果是無法少量購買的商店，建議還是不買為上。

海風號

體驗成熟風格的品茗樂趣

漆上鮮明黃色油漆的入口，含蓄的瀰漫著隱居小屋氛圍的店。採用近似義大利摩登風格裝潢的店內，古老的茶具和名家製作的茶壺散發著獨特的樸實光芒。這裡不只是單純的中國茶坊，而是感受得到店主強烈主張的空間。風味強勁的茶品也相當美味，令人讚賞。

地址：東京都港區東麻布1－29－20／電話：03－5575－0805／營業時間：12點～20點（周一、國定假日公休）

奇古堂（東京沙龍）

珍惜品味台灣茶之沙龍

這是本書一〇二頁所介紹的「ECO茶」提倡者沈甫翰先生所開設的沙龍。由於並非店面，前往時必須先以電話預約才行。在這個位於住宅區的幽靜沙龍之中，訪客們可以隨心所欲品嚐風味高雅的台灣烏龍茶。聽聽沈先生以獨自理念建構而成的環保茶世界觀，也很能挑動對茶的興趣。

地址：東京都品川區小山7－8－16／電話：03－3785－3425（不定期公休）

品味、購買中國茶及台灣茶的商店

東京

遊茶
東京都澀谷區神宮前5－8－5－100
電話：03－5464－8088
一樓商店11點～20點（週日～19點）年底年初休業
五樓茶坊12點～19點30分（LO19點）週一公休
地下鐵表參道站徒步3分鐘
▼店面位於表參道地區，平常備有將近一百種茶葉，以及豐富齊全的茶具用品。愛好者從初學者到精研者都有，愛好者相當廣泛的中國茶專門店。

英記茶莊
東京都港區六本木6－10－1
電話：03－5775－1625
11點～21點／無休
地下鐵六本木站徒步5分鐘
▼這是香港的老店在東京六本木之丘所開設的分號。花茶及紅茶等物美價廉的商品相當充實。丸大樓內亦有設店。

迎茶
東京都世田谷區奧澤3－31－10
電話：03－5754－1785
11點～21點／週三公休
東急目黑線奧澤站徒步2分鐘
▼在整潔而幽靜的店內，提供的全是愛茶的店主所精心挑選的茶葉。亦有紅茶和花茶，並不定期舉辦茶會及初級講座。

茶樂
東京都文京區小石川5－5－6
電話：03－3945－1512
11點～20點30分（LO）／週一公休
地下鐵茗荷谷站旁
▼運用古董來裝潢陳設，營造出沉穩詳和的空間。可品嚐到奇古堂的烏龍茶。不影響茶風味的茶點亦值得嚐試。

千年茶館
東京都港區白金台5－13－14
電話：03－5447－1200
12點～19點（LO18點30分）／週一、週二公休
地下鐵白金台站徒步5分鐘
▼從白金通進去不遠處的一個居家風店鋪。長年經營沙龍的店主嚴格挑選的台灣茶種類齊全。茶具也以實用性高且價格合理的東西居多。

China Cha Club（中國茶俱樂部）
東京都港區三田2－7－28
電話：03－5444－6537
11點～20點／週一公休
地下鐵赤羽橋站徒步10分鐘
▼面對義大利大使館正門的幽靜中國茶專門店。普洱茶的種類相當豐富，也有珍貴的陳年普洱茶。

櫂
東京都台東區東上野6－18－14
電話：03－3847－6181
11點30分～15點、晚間18點～22點／每週一公休
距地下鐵稻荷町站7分鐘
▼在古老民家所品嚐到的和食與台灣茶套餐，讓心靈柔和安穩了起來。以茶葉製作的料理及甜點也相當美味。（詳細介紹請見一二〇頁）

橫濱中華街

天仁茗茶
神奈川縣橫濱市中區山下町232

電話：045—641—0818
10點～19點／無休
JR石川町站徒步3分鐘
▼這是台灣茶行的日本分號，在橫濱中華街中亦屬年代久遠的茶葉專賣店。可隨意試飲，物美價廉的茶品應有盡有。

悟空茶莊

神奈川縣橫濱市中區山下町130
電話：045—681—7776
11點～21點（二樓12點～）／每月第二週週二公休
JR石川町站徒步10分鐘
▼為中國茶在日本進口、販賣之先驅。一樓商店的茶葉及茶具豐富齊全而獲得好評，二樓則為道地的茶藝館。在台場亦設有分店。

茶坊翡翠

神奈川縣橫濱市中區山下町78　中國料理翠華1樓
電話：045—211—0007
11點～21點（LO20點30分）／無休
JR石川町站徒步10分鐘
▼商店中附設氣氛悠閒的茶藝館。商店中白茶等好茶應有盡有，大陸茶、台灣茶亦可廣泛的試喝購買。

關西及其他地區

華茶

兵庫縣西宮市夙川12—39—1樓
電話：0798—70—0040
11點～20點／週二公休
阪急夙川站徒步10分鐘
▼座落於閑靜住宅區中的道地中國茶專賣店與咖啡館。

VONTADE

廣島縣廣島市中區中町2—18—第七小谷大樓1樓
電話：082—546—2100
11點～21點（週五、六、國定假日前夕～21點30分）／第四週週五公休
▼可品嚐中國茶及台灣茶的茶館，同時還附設腳底按摩及芳香療法的舒緩空間。

台灣、東南亞

奇古堂

（福華店）台北市仁愛路三段160號福華大飯店B1
電話：02—2706—6247
10點～21點／無休
▼在本書中登場的沈甫翰先生的店。由於原本是古董店，因此店內同時陳列了古董、創意茶具以及美味的台灣茶。

紫藤廬

台北市新生南路三段10巷1號
電話：02—2363—7375
11點～21點／無休
▼充分發揮戰前殘留下來的建築特色，為台北最富有傳統的茶藝館。老闆周先生為一九七〇年代台灣茶藝推行運動的發起人，曾赴歐洲舉辦座談會。

沁園

台北市麗水街1號1樓
電話：02—2321—8925
11點～21點／不定期公休
▼可品嚐到美味的台灣產古典烏龍茶及陳年普洱茶的潔淨茶店。烏龍茶梅亦屬極品，愛好者眾多。

茶骨禪心

3 Seah St. #01—02Raffles Sub Station, Singapore 188379
電話：65—6334—4212
12點～19點30分／週日公休
▼位於新加坡萊佛士酒店內的茶專門店。

中國茶及台灣茶的史略年表

〔西元前三〇〇〇年～後六世紀左右〕

古代・夏・殷商（西元前～一一〇〇）

前二八〇〇左右　神農氏以茶葉解毒。

〈人類與茶樹的邂逅？〉

周・春秋戰國（西元前一一〇〇～前二二一）

前一一〇〇左右　開始飲茶？（周公旦於《爾雅》之記述）

秦・前漢・後漢（西元前二二一～後二二〇）

前二二〇左右　四川省一帶開始飲茶？　華陀於《食論》中闡述茶葉的功效。

三國・晉（二二〇～四二〇）

三二二　安徽省出現最早的貢茶紀錄。

南北朝（四二〇～五八九）

喝茶的風氣在南方日益普及，並演變成日常習慣。

五〇〇左右　首次出口茶葉至土耳其。

隋（五八一～六一八）

由於隋文帝喜愛茶，因而加速了喝茶文化的流行。

〔七～十世紀〕

唐（六一八～九〇七）

七世紀　茶樹傳入日本？

七六〇左右　茶聖陸羽撰寫《茶經》。

七七〇　朝廷於浙江省顧渚山設立貢茶院。顧渚紫筍茶成為貢茶代表。

七七五左右　和蒙古族之間以茶換馬進行交易。

七八〇左右　茶托出現，發展出蓋碗。

八〇五　僧人最澄將茶傳回日本。

〔十～十三世紀〕

五代十國・宋（九〇七～一二七九）

茶越來越大眾化。上流階層愛喝餅茶，庶民

則愛喝散茶。

九六四　茶葉專賣制度確立。

九七六　福建省建安的宮廷御用茶園，開始生產宋代名茶「龍團鳳餅茶」。

一〇五八　茶葉專賣制度廢止。

一一一〇左右　第八代皇帝徽宗撰寫《大觀茶論》。

一一九一　日本僧人榮西將茶樹種子帶回日本。

元（一二七九～一三六八）

茶於日常生活之中不可或缺的絕對地位獲得確立。（「開門七件事」）

在茶葉中添加茉莉、菊花、桂花、枸杞、龍腦等混合之茶品尤其受歡迎。

〔十四～十七世紀〕

明（一三六八～一六四四）

一三七二　設置茶司馬，專司茶馬貿易。

一三九一　洪武帝下令廢除對農民造成嚴重負擔的團茶。炒青綠茶的製法開始發達，並促成龍井茶的發展。

一四八〇左右　隨著散茶的發達，開始有吸附了花香的茶葉登場。

一五一七　葡萄牙人從廣東入境，為最早認識茶葉的歐洲人。

一五五九　慕拉吉歐（義）在著作當中，首次將中國茶介紹給歐洲。

一六〇二　荷蘭成立東印度公司，將茶葉和茶具介紹給歐洲社會。

一六〇七　荷蘭人從澳門出口茶葉至歐洲販賣。

一六一七　《金瓶梅》發行。第七十二回中有將芝麻及花加入六安茶的記述。

一六三五　荷蘭人透過東印度公司將茶葉銷往法國。

〔十七～二〇世紀〕

清（一六四四～一九一二）

宜興茶壺的出現，對於烏龍茶的普及貢獻極大，並演變出工夫茶。

隨著清國南下，整個華北地區對於花茶的喜愛程度日益升高。

中國茶往歐洲、尤其是對英國的輸出，呈現爆發性普及。

一六四四　英國開始在廈門經營茶業販賣。

一六四六　英國東印度公司開始從事茶葉進口。

一六五七　英國東印度公司取代荷蘭的地位，在英國市

	場販售茶葉。
一七五一	龍井茶在乾隆皇帝南巡杭州時獲得讚賞，因而成為上流階級的人氣標的。
一七六七	英國以印度生產的鴉片，作為進口茶葉的抵押品。
一七八五	中國皇后號從中國載滿茶葉，航向紐約。
一七九一	小說《紅樓夢》發行。書中描寫了許多飲用名茶的場面。
一八〇〇左右	柯朝從福建省將茶樹種子帶回台灣，種植於台北周邊。
一八一八	斯維特（英）主張：「茶樹與山茶為同一屬」。
一八四〇	英國為報復清政府沒收鴉片一事，而引發鴉片戰爭。
一八五五左右	福建安溪開始生產正統的烏龍茶。
一八六七	台灣產的烏龍茶首次成為商品被運往廈門。
一八六九	台灣生產的烏龍茶首次打入紐約市場，獲得好評。
一八七四左右	廣州及上海出現大眾化茶樓。
一八八一	福建省茶商吳福源在台灣設立包種茶工廠。
一八八六	清國的茶葉出口量達到了最高峰—十三萬四千噸。

中華民國（一九一二～一九四九、遷至台灣）

	二十世紀前半，台灣產的東方美人在英國獲得最上等茶之評價。
一九三六	威廉斯氏提出「茶的起源在中國或印度阿薩姆」的說法。

中華人民共和國（一九四九～）

一九六〇	中國茶葉土產進出總公司成立，負責茶葉的貿易管理事宜。
一九六一	雲南省西雙版納發現樹齡超過一千七百年、樹高達三十二公尺的「茶王樹」。
一九七八	「茶的起源在雲南」的說法，開始在中國國內浮現。

中國茶・台灣茶 名詞索引辭典

【三劃】

三紅七綠

三分發酵轉為紅色、七分未發酵仍保持綠色的茶葉狀態。這是沖泡出最芳香馥郁的烏龍茶的理想發酵狀態。

大觀茶論

北宋皇帝徽宗所撰寫的茶的相關書籍。

工夫茶

使用手摘茶葉，透過耗費時間、作法繁複的人工作業製作出來的茶。或指以繁複手法沖泡出來的優質茶水。

工夫茶具

例如宜興茶壺等等，用於複雜講究的泡茶方式的茶具。

【四劃】

水色

沖泡茶葉時的茶水顏色。

王魁成

猴坑地區的茶農。為綠茶的名茶「太平猴魁」的創始人物。

【五劃】

冬茶

雲南、福建、台灣等氣候特別溫暖的地區，在冬天所生產的茶葉。以台灣產的烏龍茶而言，由於甜度增加、風味更好，因此價格也比較昂貴。

半發酵茶

讓酵素的氧化作用半途停止所製成的茶。例如烏龍茶。

四大岩茶

意即福建省武夷山所生產的「大紅袍」、「白雞冠」、「鐵羅漢」和「水金龜」等四種岩茶。

四絕

上等茶所具備的條件。意指茶葉在色、形、香、味四個方面的特點。主要用來讚賞西湖龍井。

四薰一提

茉莉花茶的製造方法之一。讓茶葉吸附花香的薰花過程進行四次，完成時再加進茉莉花的花瓣。

白茶

茶葉以陰乾方式進行萎凋所製成的茶。由於茶葉顏色看起來白白的，所以命名為白茶。

白毫（PEKOE、PECO）

生長於茶葉心芽的茸毛。

白蛇洞口

四大岩茶之一、白雞冠的原木所生長的岩石位置。

【六劃】

安溪

位於福建省南部的安溪縣。為閩南（福建南部）烏龍茶的代表，同時也因盛產鐵觀音、黃金桂而聞名。

【七劃】

完全發酵

令茶葉中所含有的氧化酵素徹底進行發酵作用。紅茶即屬完全發酵茶。

【八劃】

宜興

位於江蘇省，以茶壺聞名的陶磁城鎮。特產為朱泥及紫砂所燒製成的茶壺，是沖泡烏龍茶等所使用的工夫茶具。

岩茶

以生長於福建省武夷山岩地上的茶樹，所製造出來的烏龍茶的統稱。

岩韻

武夷岩茶特有的喉韻。一種回甘力強、生津不斷的口感。

明前

清明之前。

東印度公司

十七～十九世紀，歐洲各國為統籌管理亞洲與歐洲間的貿易及殖民事宜，而設置的組織。透過這個組織，中國茶被介紹至歐洲各國。

炒青綠茶

殺青、揉捻、乾燥等所有程序均於鍋中進行的綠茶。例如西湖龍井等。

花茶

像茉莉花茶一樣吸附著花香，或加入花瓣混合的茶葉。

虎跑泉

位於龍井茶的故鄉、浙江省杭州市的虎跑山麓的名泉。據說是一種能讓龍井茶格外美味的名水。

金瓶梅

明代長篇小說。以西門慶一家的興亡為中心，描述明末的社會及百姓的生活。安徽省的六安茶曾於此書中登場。

雨前

從四月五日前後的清明，到四月二十日前後的穀雨為止的一段期間。在這段期間當中所採收的茶也相當多。

青心烏龍

矮型烏龍種（低矮灌木的烏龍種）之一。製作凍頂烏龍茶的品種，為台灣茶的標準。在福建省亦稱為軟枝烏龍種。

青茶

半發酵茶。即烏龍茶。發酵程度從最輕的一五％到七○％都有，味道、香氣各有差異。

【九劃】

南宋

北宋滅亡之後，逃往南方的徽宗第九子高宗（一一○七～八七）於杭州再建的王朝。不只是茶，在文化方面亦以隆盛著稱。

後發酵

以加熱方式使茶葉中的氧化酵素作用暫時停止，之後再進行微生物發酵。例如黑茶、黃茶等等。

春茶

使用清明至立夏期間採收的茶葉所製成的茶。尤其在綠茶方面，春茶因為香氣濃郁而備受珍視。

洪武帝

明朝的創建者朱元璋（一三二八～九八）。禁止生產對農民造成重大負擔的團茶。此後，散茶才開始擴大發展。

洗茶

以熱水澆淋茶葉的清洗步驟。昔日基於衛生理由，在泡茶的時幾乎都會這麼做，不過現在僅止於黑茶。

研膏茶

將蒸過的茶葉嫩芽萃取出的茶膏（糊狀粹取物），仔細熬煉製成的蠟狀茶。

科舉

創始於隋唐時代，是中國王朝為選拔官吏而設立的考試制度，過程相當嚴格。一名為參加科舉而渡海前往中國的台灣青年，在歸來時將茶樹帶回台灣種植，相傳這就是台灣烏龍茶的始祖。

秋茶

秋天摘採製成的茶。雖然品種、產區以及茶的種類也有影響，但由於味道頗佳，因此價格僅次於春茶。

紅茶

讓茶葉中的氧化酵素充分作用、直到完全發酵的茶。中國紅茶可分為「小種」、「工夫」、「碎茶」三種。

紅樓夢

清代長篇小說。書中有登場人物以名茶贈禮的記述。

【十劃】

晒青綠茶

經過鍋炒殺青、揉捻之後，再以日光晒乾製成的茶葉。主要用來作為普洱茶的原料。

浮塵子

出現於田地中，又稱為「茶小綠葉蟬」的昆蟲。體長約五公釐左右，以口器吸取植物的汁液。台灣產的東方美人正因為葉片在夏季被這種昆蟲啃噬過，所以產生了特有的風味。

烘青綠茶

經鍋炒殺青、揉捻之後，以輻射熱烘乾製成的綠茶。例如黃山毛峰等。

烘培

茶葉的加工過程。經由加熱乾燥讓香味散發出來。

神農氏

人類史上第一個品嚐茶葉的傳說中的人物。農業的神，為調查野草的效能，而至山野間親自嚐試。據說他為了解毒而咀嚼茶葉。

茶壺

泡茶的壺。

茶經

唐代文人陸羽（七二八～八〇四）所撰寫的茶的聖經。總計三卷十章的文獻當中，記載了茶的歷史、製法、茶器、飲用法等等。

貢茶

每年將新茶獻給皇帝的制度。對於茶的品質要求相當高。

高山茶

以台灣地區標高一千公尺以上山區所採集的茶葉，製造出來的低發酵烏龍茶。在嚴厲的環境下培育而成，清香高雅的風味尤具人氣。

鬥茶

帶來茶葉，互相試飲、比較品質良莠的競賽。

【十一劃】

乾隆

清朝第六代皇帝。創造出清的黃金盛世，對於學問、藝術亦多所獎勵。

殺青

製造綠茶的主要過程之一。將摘採下來的茶葉置於鍋中翻炒，或以蒸氣加熱，讓茶葉中的氧化酵素停止作用。

清明

二十四節氣之一，四月五日前後。綠茶的名茶大多在此時之前，也就是「明前」採收。

清香

清新的花香味。特指台灣產的烏龍茶的香氣。

清茶

目前只有台灣製作，發酵度僅一五%的茶。出產於台北郊外的文山區，由於從前以紙包裹茶葉販售，所以又被稱為文山包種茶。

淹茶
以熱水沖泡茶葉、到現代仍然延用的泡茶法。

陳年
經長年存放。普洱茶的陳年茶價值不斐，而烏龍茶的陳年茶亦頗受茶迷的喜愛。

陸羽
七二八～八〇四。湖北出身的文人，亦被奉為茶聖。著有在唐代被奉為「茶的聖經」的《茶經》。

【十二劃】

單欉
完全不使用其他茶樹所摘採的茶葉，僅以一棵茶樹的葉片所製成的茶。以香氣濃郁的鳳凰山烏龍茶最為有名。

悶黃
黃茶特有的後發酵製造程序。

揉捻
中國茶的製造程序之一。搓揉茶葉令其捲曲成形，以便讓香氣散發出來。

散茶
零散的茶葉。

景德鎮
位於中國江西省的陶磁重鎮。北宋景德年間（一〇〇四～〇七）開設官窯，主要的燒製產品在宋代為青白磁、元代為青花（藍釉）瓷器、明代則為彩繪瓷器。宮廷所使用的瓷器大多出自此窯。

猴坑
位於安徽省黃山市太平湖畔的村莊名。以綠茶的故鄉而聞名。

發酵茶
令茶葉中的酵素發生氧化作用所製成的茶。例如烏龍茶及紅茶。

紫砂
採自江蘇省宜興縣的優質陶土，主要用於燒製茶壺。宜興的紫砂茶壺是文人也愛用的逸品。

萎凋
將摘採下來的茶葉以日晒或陰乾的方式，讓水分自然蒸散掉的過程。是製造發酵茶的初期工程。

開門七件事
意即「一早起來後，生活中所必須要的七件物品」，也就是柴、米、油、鹽、醬、醋、茶等七樣東西。這句話最早出現於元代的書籍當中。由此可見，茶在這個時代已成為日常生活的必需品。

開面採（開面摘）
在頂芽完全展開的狀態下，將心芽連同三～四葉片一起摘下的意思。這是為了製作烏龍茶的茶葉摘取法。

黃山
安徽省南部，以蓮花峰為主峰的七十二峰的總稱。相傳漢族始祖、傳說中的帝王黃帝曾經在此修行。一九九〇年被列入世界遺產。

黃茶
如綠茶般經殺青處理之後，將茶葉以獨特的悶黃工序，製成輕度的後發酵茶。

黑茶
經過殺青讓茶葉停止氧化作用之後，再進行微生物發酵的茶。出產於雲南省及廣西僮族自治區。以普洱茶為代表。

畲族
居住於福建、廣東省的少數民族。祖先為傜族，自貴州及湖南省遷移而來。自古以來從事農業，並於廣東省鳳凰山一帶從事鳳凰單欉等的茶葉生產。

【十三劃】

獅峰龍井
以採收自杭州市靠近西湖獅子峰的茶葉所製成的龍井茶。為西湖周邊產的龍井茶中最高級者。

【十四劃】

僮約

前漢時代，四川出身的王褒與奴隸交換的契約書。內容有提到買茶，因此成為證明這個時代已經有飲茶習慣的珍貴史料。

團茶

自唐代開始製作的餅茶狀固態茶。進入宋代之後，才逐漸被稱為「團茶」。

綠茶

以加熱方式令新鮮茶葉的氧化酵素停止作用而製成的茶。占中國茶全年產量的七成以上。

蓋碗

附杯蓋的茶杯。除了是喝茶時所需要的杯子，也可充當茶壺用來泡茶。

蒸青綠茶

以蒸氣殺青製成的綠茶。日本綠茶幾乎全都採用這種製法，但在中國綠茶當中只有「恩施玉露」等少數綠茶使用此製法製成。

餅茶

普洱茶常見的圓形塊狀茶。古時候的茶葉幾乎都是這樣的形態。

【十五劃】

穀雨

二十四節氣之一。大約在國曆四月二十日前後。意即滋潤穀物與植物所降下的雨水。

【十六劃】

龍井

生產於浙江省杭州市西湖附近的綠茶，儼然是中國綠茶的代名詞，是一種評價極高的上等名茶。

龍冠

生產龍井茶的製茶業者。因為以製作上等茶葉而聞名，而逐漸成為龍井茶的識別品牌。

龍團鳳餅茶

製作過程中加入少量龍腦及麝香混合，表面並壓有龍及鳳凰等圖案，呈獻給皇帝的茶。

【十七劃】

壓縮茶（緊壓茶）

將茶葉壓縮之後做成各種形狀的塊狀茶。以餅茶、沱茶為代表。中國到明代為止，幾乎所有的茶葉都是塊狀茶。

徽宗

北宋第八代皇帝趙佶。（請見四五頁）

【十八劃】

薰花

讓茶葉吸附花朵香氣的作業，為茉莉花茶等茶葉的製法。薰花的次數越多則越高級。

【十九劃】

羅漢

受佛囑咐，長居世間守護正法的十六名阿羅漢。

GOLDEN PEKOE

別名GOLDEN TIP。指最幼嫩的金黃色芽葉。

PEKOE（PECO）

＝白毫

本書刊載的茶葉索引

［綠］＝綠茶；［工］＝工藝茶；［白］＝白茶；［青］＝青茶；［紅］＝紅茶；
［黑］＝黑茶；［黃］＝黃茶；［花］＝花茶；［花香］＝花茶・香茶；［台］＝台灣茶

產地別茶葉索引

作者／有本　香 Kaori Arimoto

曾任旅遊雜誌總編輯，之後獨立創設「ウィンウィン」企劃公司。以旅遊及美食相關的雜誌、書籍為中心活躍中。對於包含中國、台灣的亞洲地區的取材經驗相當豐富，尤其偏愛茶類。自從八〇年代迷上台灣的烏龍茶以來，歷經十數年時間，於亞洲各地探訪茶葉，並透過茶而結交了許多朋友。近年的著作尚有《中国茶香りの万華鏡》（小学館）。本身亦從事中國茶、台灣茶、亞洲茶等等的企劃活動。出生於奈良縣、成長於日本第一的茶產地靜岡縣。東京外國語大學畢業。

日文版工作人員
攝　　影　松本幸夫 Yukio Matsumoto
設　　計　安斎徹雄 Tetsuo Anzai
編輯製作　有限会社ウィンウィン　WinWin Inc.
編輯協力　吉澤　護 Mamoru Yoshizawa

中國茶・台灣茶

2004年9月1日初版第一刷發行

作　者・有本　香
譯　者・蕭照芳、陳惠文、許倩珮
發 行 人・片山成二
發 行 所・台灣東販股份有限公司
〈地址〉台北市南京東路四段25號3樓
〈電話〉(02)2545-6277～9
〈傳真〉(02)2545-6273
新聞局登記字號・局版臺業字第4680號
郵撥帳號・1405049-4
法律顧問・蕭雄淋律師
總經銷・農學股份有限公司〈電話〉(02)2917-8022

Printed in Taiwan